도시로 바꿔말하기

Paraphrasing Urbanism

도시로 바꿔말하기

'도시로 바꿔말하기'의 내용은 서울대학교 협동과정 도시설계학 전공(IPUD) 수업 중 임저스틴 교수가 2025년 1학기에 지도한 '도시설계스튜디오1' 수업을 기반으로 합니다.

스튜디오 기획의 글
도시로 바꿔말하기 - 임저스틴 4
도시로 말하는 법을 배우는 시간 - 김다현

도시를 읽어가는 방법 18

도시로 바꿔말하기 50
심준형
이주현
소정호
박시연
이영준
곽민준

도시로 말하는 첫마디 84
평창을 다시 상상하기 - 임저스틴
이주현 + 이영준
곽민준 + 박시연
심준형 + 소정호

다음에 쓰는 문장 130
익숙해서 까다로운 - 윤희영
낯설기에 발견한 '도시설계'라는 질문 - 권혜인
단단하고 두터운 형용사 - 곽민준

스튜디오 기획의 글

임저스틴
김다현

도시설계 스튜디오의 교육적 실천과 인식론적 지형

임저스틴

서울대학교 환경대학원 교수

도시 언어의 형성과 공간적 상상력의 훈련을 중심으로…

도시설계는 오늘날 도시를 다루는 실천들 가운데 가장 물리적인 동시에, 가장 사회적이고 정치적인 행위이다. 이는 단순히 건축의 스케일을 확장하는 기술이 아니라, 사회 질서, 환경 조건, 정책적 틀, 그리고 인간 존재의 장소성을 공간으로 번역하는 고도로 복합적인 작업이다. 이러한 도시설계의 특성은 교육 현장에서도 그대로 반복된다. 도시설계를 가르친다는 것은 무엇을 의미하며, 그 교육은 어떤 구조를 가져야 하는가. 물리적 도면 작성을 넘어 도시라는 유기체의 역동성과 불확실성을 어떻게 다룰 수 있도록 학생들을 이끌 것인가.

이 글은 서울대학교 환경설계학 협동과정에서 운영해 온 도시설계 스튜디오의 교육 실천을 중심으로, 도시설계 교육이 지향해야 할 방향과 교육적 전략을 이론적·경험적으로 고찰하고자 한다. 필자는 도시설계를 단지 형상화하는 기술 훈련이 아닌, 도시를 읽고 말할 수 있는 언어를 형성하고, 사회적 맥락과 미래 가능성을 통합적으로 사고할 수 있는 공간적 상상력을 훈련하는 과정으로 정의하고자 한다. 따라서 본 에세이는 실무적 경험을 기반으로 한 교육 실천과 그 안에서 구성된 교육 철학을 중심으로, 스튜디오의 목적, 방법, 도전, 가능성 등을 종합적으로 조명하고자 한다.

필자는 미국 Skidmore, Owings & Merrill(SOM), Teng & Associates 등에서 약 12년간 도시설계 실무에 참여한 경험을 갖고 있으며, 특히 중동 및 동남아시아에서 진행된 대규모 마스터플랜 프로젝트를 통해 도시를 공간적으로 구성한다는 일이 단순한 설계 기술의 문제가 아님을 실감하게 되었다. 두바이와 같은 초국적 자본이 집중된 지역에서는 형태의 독창성보다 자산 배분, 인프라 운영 효율성, 인구 유입 시뮬레이션이 설계의 핵심 조건으로 작동하였다. 도시설계는 본질적으로 다양한 권력 구조와 사회적 역학이 교차하는 지점에서 작동하며, 물리적 공간은 그 교차점을 형상화하는 결과물에 불과하다는 사실을 실무를 통해 체득하게 되었다. 이러한 경험은 도시설계가 단지 건축의 연장이 아닌 고유한 설계적 실천이라는 인식으로 이어졌고, 이는 교육자로서의 시선에 근본적인 전환을 가져왔다.

서울대학교에서 도시설계 스튜디오를 처음 운영하게 되었을 때, 가장 먼저 떠올린 질문은 "무엇을, 어떻게 가르쳐야 하는가?"였다. 도시설계를 단지 '잘 그리는 법'을 가르치는 것으로 이해할 수는 없었다. 많은 학생들이 이미 건축학과 출신으로 수많은 스튜디오를 경험했고, 손에 익은 설계 언어를 갖고 있음에도 불구하고, 도시라는 스케일 앞에서는 다시 무력감을 호소하는 모습을 보였다. 도시란 개념 자체가 지나치게 크고 추상적이며, 실재하되 보이지 않고, 구성하되 완결되지 않는 대상이기 때문이다. 따라서 스튜디오는 학생이 도시를 물리적으로 표현할 수 있도록 훈련하는 동시에, 도시를 어

본 답사 사진

떻게 읽고 해석하며 말할 수 있는지를 스스로 구성해가는 훈련의 장이어야 한다고 판단하였다.

이를 위해 스튜디오는 세 가지 핵심 축 위에 구성되었다. 첫째는 설계 기술의 기반을 확보하는 것이다. 건물의 깊이, 블록의 크기, 도로 폭, 공공 공간의 비례, 보행 동선과 차량 흐름의 조직 등은 도시를 물리적으로 조직하는 기본 단위이다. 이는 설계자가 추상적 구상을 도면이라는 매체를 통해 실천 가능하게 만들기 위한 언어적 단위이며, 기본적이지만 결코 가볍게 다룰 수 없는 요소들이다. 둘째는 비판적 언어의 형성이다. 학생들은 자신의 설계가 왜 그렇게 되어야 하는지를 설명할 수 있어야 하며, 그 설명이 단순한 기능적 언급이나 형식적 미학에 머물러서는 안 된다. 사회적 맥락, 지역적 조건, 미래에 대한 태도 등을 통합적으로 반영하는 설계적 언어를 훈련해야 하며, 이를 위해 매 수업에서 자기설명서 작성, 중간 리뷰의 공개 토론, 설계 아이디어에 대한 비판적 응답을 유도하였다. 마지막으로 가장 중요한 축은 도시를 '재현'하는 것이 아니라, 도시를 통해 '질문'하는 것이다. 도시설계는 해답을 제공하는 기술이 아니라, 사회에 질문을 던지는 방식이어야 하며, 학생들은 이를 통해 자신만의 도시 언어를 만들어가야 한다.

스튜디오 교육에서 중요한 또 하나의 방향은 현장성과 국제적 감각의 병치이다. 도시설계가 이론과 모형의 수준에 머무를 경우, 도시의 실제성과 단절되는 한계를 피할 수 없다. 이에 따라 서울대학교에서는 재생형 스튜디오를 통해 리빙랩 방식을 적극 도입하였다. 2023년 봄 학기에는 경기도 포천시 영북면을 대상으로 '소도시 에너지 자립'을 주제로 선정하고, 18명의 학생을 6개 팀으로 구성하여 현장 방문, 주민 인터뷰, 지역 에너지 인프라 분석, 정책 검토 등을 포함한 스튜디오를 운영하였다. 이는 학생들이 도시를 단순히 설계 대상으로 간주하는

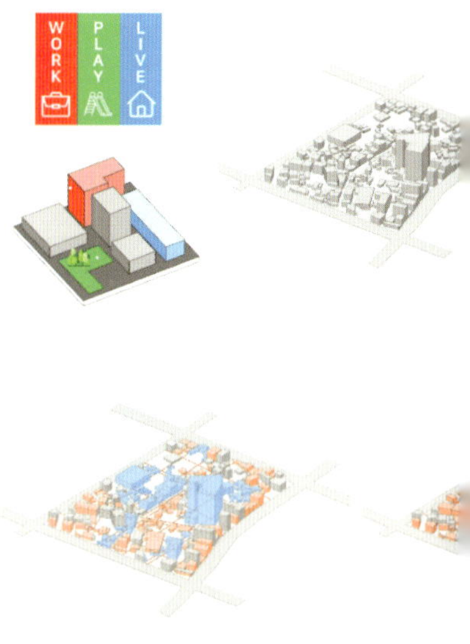

3) 도시설계 스튜디오2_Pixel City, 주시영+김영빈+이지환, 2

) 도시설계 스튜디오2_Overlay City, 안새얀, 2022

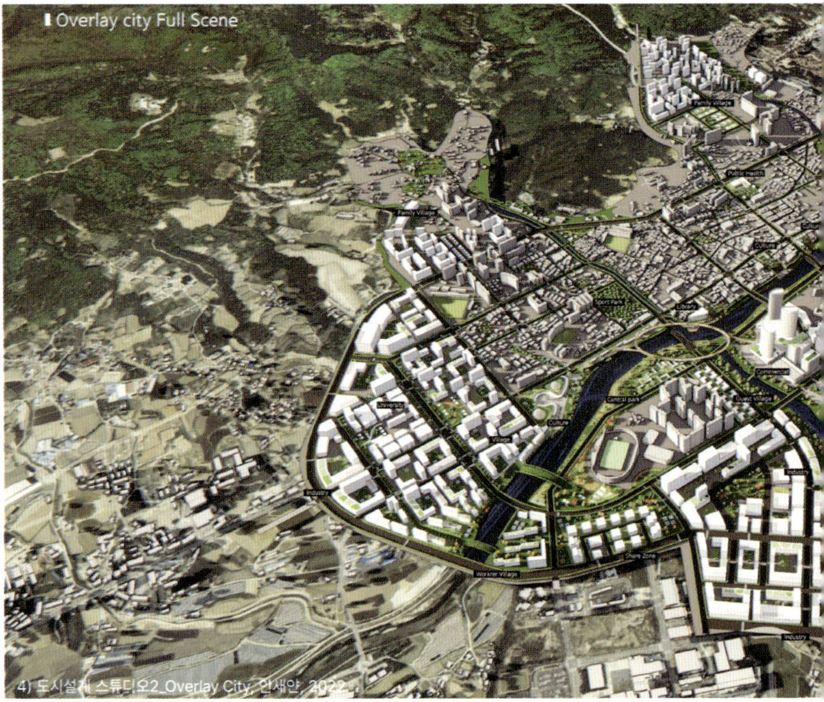

4) 도시설계 스튜디오2_Overlay City, 안새얀, 2022

것이 아니라, 하나의 생태적·정치적 실체로 이해하고 접근할 수 있는 실천적 기회를 제공하였다. 동시에 다양한 글로벌 사례 분석을 통해 도시 설계의 관점을 확장하는 시도도 병행하였다. 필자가 MIT 재학 시절 참여한 폴란드 국제 스튜디오는 이와 같은 글로벌 감각이 교육적 실천으로 어떻게 구현될 수 있는지를 잘 보여주는 사례였다. 해외의 도시 설계와 재생, 행정 구조, 지역 사회와의 인터페이스를 경험하는 과정은 서울대학교 학생들에게도 유효한 교육적 모델이 될 수 있었다.

이와 같은 스튜디오의 운영은 동시에 여러 과제를 드러낸다. 첫째는 실행성과 비판성 사이의 긴장이다. 비판적 사고는 현실성을 상실할 위험이 있고, 실행 가능성만을 추구할 경우 교육의 비전은 축소되기 쉽다. 둘째는 이질적 학습자의 간극을 조율하는 일이다. 다양한 전공 배경을 가진 학생들이 함께 도시설계를 수행할 때, 개념적 언어의 격차를 어떻게 조정할 것인가 하는 문제가 중요하게 부각된다. 셋째는 디지털 기술과 생태적 감수성을 동시에 어떻게 훈련할 것인가에 대한 교육적 기획이 필요

하다. GIS, 매스 커스터마이제이션, 시뮬레이션 모델링 등은 도시 설계자의 도구로 자리잡았지만, 기술적 숙련이 생태적 책임성과 연결되지 못한다면 설계는 기능에 머물 수밖에 없다.

결론적으로 도시를 설계한다는 것은 단순한 공간 배치가 아닌, 사회적 조건에 대한 비판과 공간적 해석을 통해 대안적 미래를 상상하는 일이다. 도시설계 스튜디오는 이러한 실천을 가능케 하는 공간이 되어야 하며, 단지 도면을 잘 그리는 기술자를 양성하는 데 그쳐서는 안 된다. 학생이 도시를 통해 질문하고, 자신의 언어로 설명하며, 현실에 개입 가능한 설계를 구상할 수 있도록 돕는 일. 이것이 도시설계 교육의 핵심 과제이며, 교육자로서 내가 지향하는 바이다. 우리는 도시를 '그릴 수 있는' 디자이너가 아니라, 도시를 '읽고, 말하고, 행동할 수 있는' 실천가를 양성해야 한다. 이것이야말로 도시설계 교육이 가지는 가장 중요한 사회적 책무일 것이다.

도시로 말하는 법을 배우는 시간

스튜디오의 과정을 담으며

김다현

서울대학교 환경계획연구소 선임연구원

나는 서울대학교에서 도시설계 공학박사 학위를 받았고, 산업단지·토지이용·기후변화·빅데이터를 주요 연구 분야로 삼아왔다. 국내외 다양한 프로젝트와 강의 활동을 이어오며, 도시를 읽고 해석하는 여러 방식을 연구해왔다. 이번 글은 공동강의자로 참여한 서울대학교 협동과정 도시설계 스튜디오의 경험을 바탕으로, 수업 과정과 학생들의 변화, 그리고 내가 그 안에서 관찰하고 느낀 점을 기록한 것이다.

이번 스튜디오는 일반적인 설계 수업과 달리, 연구와 데이터 분석을 토대로 한 설계를 지향했다. '노인', '평창', 그리고 그들이 살아갈 미래라는 키워드가 데이터 분석과 결합된 조합은 신선하고 매력적으로 다가왔다. 수업의 목표는 도면을 잘 그리는 기술을 넘어, 도시를 읽고 해석하며 스스로 질문을 던지는 능력을 기르는 데 있었다. 학생들은 "이 지역에서 어떻게 살아갈 것인가?", "노년층이 도시의 일원으로 어떻게 활동할 수 있을까?" 같은 질문을 붙잡고, 지역과 사회에 새로운 시각을 제시하는 설계를 시도했다. 이제, 대상지 탐구에서부터 아이디어 발전, 구체화, 그리고 완성에 이르기까지 그 과정을 차례로 살펴보고자 한다.

대상지를 읽는 시간

이번 수업의 핵심은 2018년 동계올림픽 이후 평창의 도시 공간을 재구상하고, 초고령 사회로 접어든 지역 공동체의 현실을 설계에 반영하는 것이었다. 수업에서 바라본 평창의 문제는 몇 가지로 정리됐다. 평창군 인구는 이미 4만 명 아래로 줄었고, 지방 소멸이라는 말까지 나올 만큼 상황은 심각했다. 고령화와 청년층 유출은 지역의 사회·경제적 기반을 흔들었으며, 이는 전국적인 생산연령인구 감소 전망과도 맞물려 있었다. 학생들은 이러한 수치를 함께 살펴보며 수십 년 뒤 평창의 모습을 그려봤다. 올림픽의 영광 뒤에 남은 것은 거대한 경기장과 점점 비어가는 마을일지도 모른다는 위기감이 스튜디오 안에 퍼졌다.

도시설계 스튜디오1 수업사진, 2025

이 주제는 토론의 범위가 넓고도 깊었다. 경기장·숙박시설·교통망 같은 유휴 인프라를 어떻게 재활용할지, 도시 이미지를 어떻게 다시 세울지, 그리고 노년층이 도시의 일원으로 활동할 수 있도록 어떤 공간과 정책을 마련해야 하는지까지, 논의의 방향은 사회 구조·경제·인구·도시 공간 활용 전반으로 확장됐다. 숙박시설 활용 방안을 두고는, 관광객만을 대상으로 할지, 아니면 장기 거주를 원하는 고령층과 청년층을 함께 유치할지에 대한 열띤 논의가 이어졌다.

학생들이 평창으로 현장 견학을 다녀온 후, 스튜디오 벽에는 직접 찍은 사진, 손으로 그린 약도, 인터뷰 메모 등이 빼곡히 붙었다. 현장에서 느낀 온기와 문제의식이 뒤섞인 이 자료들은 곧 설계의 출발점이 되었다. 나는 그 메모들과 그림들을 하나하나 눈에 담으며, 학생들이 이제 막 평창이라는 도시의 첫 장을 읽어 나가기 시작했다는 느낌을 받았다. 스튜디오 수업에 참여한 학생들은 건축, 조경, 도시계획 등 각기 다른 전공을 가졌지만, 모두 도시를 이해하고 새롭게 해석하려는 의지가 분명했다.
수업 초반부터 QGIS를 활용한 데이터 분석과 근거 기반 설계가 주요 전략으로 자리 잡았다. 학생들은 현장에서 가져온 사진과 인터뷰 메모를 단순한 참고 자료로 두지 않고, 지형·인구 데이터와 겹쳐 읽으며 설계의 방향을 좁혀갔다. 하천망과 도로망, 경사도 지도, 고령 인구 밀집 구역이 같은 화면에 올라오자, 단순히 감각에 기대던 공간 구상이 수치와 패턴 속에서 구체적인 근거를 얻기 시작했다. 이런 과정 덕분에 평창은 점과 선이 찍힌 지도 속 대상이 아니라, 삶의 패턴과 이동의 흐름, 계절과 날씨의 변화를 품은 이야기의 무대로 보이기 시작했다.

2) 도시설계 스튜디오1 수업사진, 2025

각자의 방식으로 아이디어를 만드는 시간

설계 스튜디오는 여러 갈래의 생각이 교차하며 시작됐다. 서로 다른 전공과 해석 방식은 수업을 풍성하게 만들었고, 각자 준비한 자료와 아이디어가 공유되며 시야가 넓어졌다. 데이터 분석, 케이스 스터디, 직접 제작한 모형 등 접근 방식은 다양했다. 어떤 팀은 현장 답사의 인상을 중심으로, 또 다른 팀은 통계와 지도 데이터를 바탕으로 설계 방향을 잡았다. 일본 시니어 타운 사례 분석, 계절별 기후 변화에 따른 공간 이용 패턴 연구, 도로망 시각화, 직접 만든 지형 모형까지 테이블 위에는 다양한 자료가 쌓였다. 데이터는 머릿속 장면으로 변하고, 종이 위의 선과 다이어그램으로 그려졌다. 학생들은 '무엇을 위해 설계하는가'라는 질문을 붙잡고, 설계 기술과 비판적 언어를 동시에 훈련했다.

같은 주제를 두고도 출발점과 접근 방식은 제각각이었다. 이 차이는 수업을 더욱 풍성하게 만들었고, 매주 공유 시간마다 서로의 시선을 넓히는 계기가 됐다. 현장에서 얻은 관찰과 자료들이 결합되며 아이디어는 점차 구체화됐다. 서로 다른 관점이 부딪히고 섞이면서, 각 팀의 설계안은 단순한 아이디어에서 하나의 방향성을 갖춘 계획으로 진화했다. 이 과정에서 이론과 현실을 함께 붙들고 고민하는 경험은 도시를 읽고 해석하는 한 방법이 됐다.

특히 이번 스튜디오에서는 일반적인 설계 수업과 달리, 학생들이 한 자리에 모여 논문을 읽고 토론하는 시간을 가졌다. 고령자의 일상 동선, 심리적 특성, 인프라 접근성 등 익숙한 이론을 다시 짚고, 몰랐던 내용은 새롭게 배우며 생각이 확장됐다. "나이 들어도 집 안에만 머무는 것이 아니라, 도시의 일원으로 계속 활동하려면 공간이 응답해야 한다"는 의견도 나왔다. 나 역시 이 시간을 통해 설계가 단순한 형태 구상이 아니라 사회적 문제에 응답하는 행위임을 다시 확인했다. 이 과정은 각 팀의 아이디어를 한층 깊게 만들었다.

반복과 수정으로 설계를 구체화하는 시간

아이디어는 하루아침에 완성되지 않는다. 그래서 설계 스튜디오에서 크리틱(critique)은 필수적이다. 한 학기 동안 매주 오후 2시에 진행된 수업에서 학생들은 도면, 모형, 컨셉 보드 등을 공유하고 교수님과 동료로부터 피드백을 받았다. 단순히 수정을 지시를 받고 반영하는 절차가 아니라, 문제를 함께 분석하고 해결책을 찾는 토론의 시간이기도 했다. "왜 이 프로그램을 이 위치에 두었나?", "여기서 생활하는 사람은 어떻게 움직일까?" 같은 질문이 오가며 컨셉의 뼈대가 단단해 졌다. 현장에서 얻은 인상, 자료 분석, 이론에서 나온 통찰이 연결되며 설계 방향은 점차 구체화됐다.'

피드백을 반영하는 과정은 수정-검토-적용의 주간 사이클로 이어졌다. 전 주에 본 도면은 그 다음 주에 수정되고, 다시 입체 모형으로 바뀌었다. 처음엔 막연하던 아이디어가 점차 형태와 구조를 갖춰갔다. 한 학생의 패널은 처음엔 빈 공간이 많았지만, 며칠 사이 사진, 분석도, 완성에 가까운 설계안으로 채워졌다.

과정이 남긴 것, 도시를 읽고 말한 시간

결과물은 패널과 모형이었지만, 더 인상 깊었던 건 그에 이르는 과정이었다. 리뷰와 수정 속에서 그들은 도시를 '잘 그리는 법'뿐 아니라, 왜 그렇게 설계해야 하는지 설명하고 타인을 납득시키는 '설득하는 법'을 익혔다. 각자가 준비한 자료와 관찰, 감각이 모여 하나의 설계 흐름을 이루었고, 서로 다른 관점이 부딪히며 새로운 아이디어가 탄생했다. 평창을 읽고, 분석하고, 다시 써 내려가는 과정에서 학생들은 도시와 사람의 관계를 깊이 생각하며, 이를 설계로 표현하는 자신만의 언어를 만들어갔다. 나는 그 변화와 성장을 지켜보며 뿌듯함을 느꼈고, 그들이 익힌 이 언어가 앞으로 다른 프로젝트에서도 새로운 방식으로 변주되리라 믿었다. 스튜디오가 끝난 뒤 평창에 다시 간다면, 예전과는 다른 시선으로 그곳을 보게 될 것이다. 이번 과정을 통해 도시는 단순한 공간이 아니라 사람과 끊임없이 관계를 맺는 존재라는 점을 새삼 실감했다. 이 스튜디오의 학생들이 현장으로 돌아가 도시를 만드는 일을 하게 되면, 평창에서 익힌 감각을 오래 간직하길 바란다.

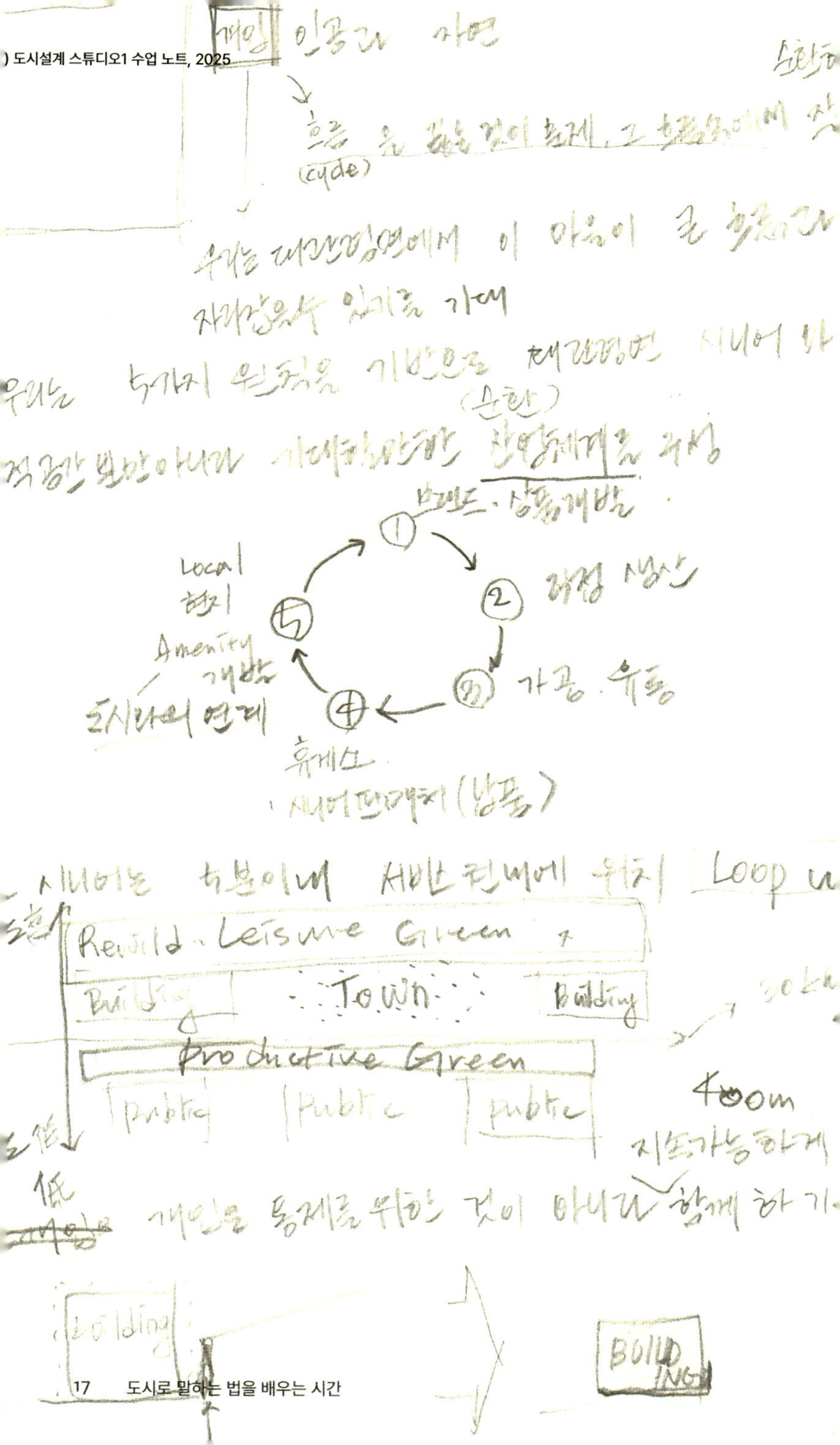
인공과 자연
흐름
(cycle)
Local
현지
Amenity
개발
도시와의 연계
가공·유통
휴게소
Loop
Rewild·Leisure Green
Building
Town
Building
Productive Green
public
public
public
400m
지속가능하게
Building
BUILDING

도시를 읽어가는 방법

이주현
심준형
박시연
소정호
이영준
곽민준

psd @ 25% (ZONE D : 올림픽 선수촌 아파트 인근, RGB/16#)

Developed and Undeveloped areas

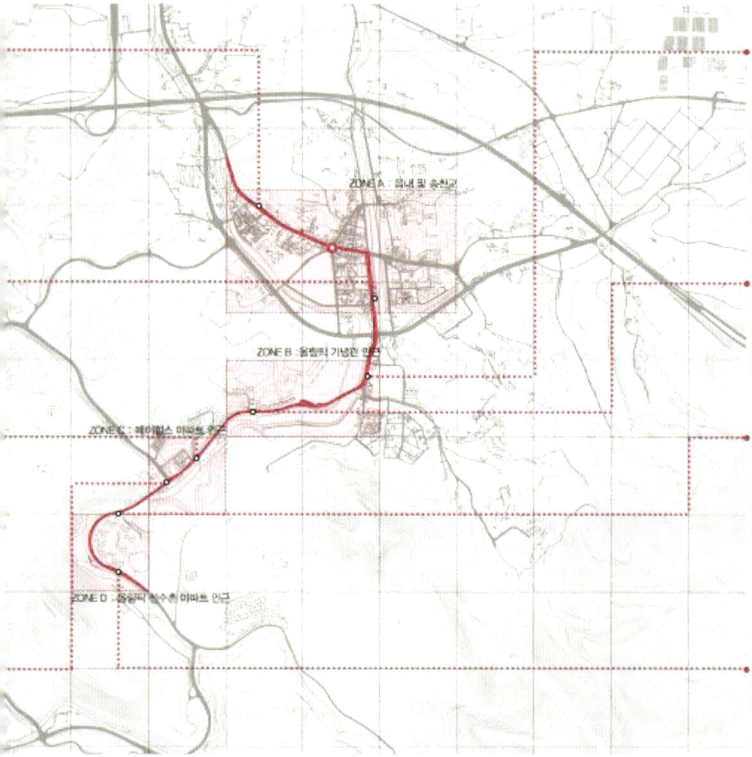

영동고속도로를 따라 대관령 읍내에 진입하면, 기본적인 공공시설과 상
적고 전반적으로 쇠퇴한 분위기가 감지된다.

송천교를 지나면서 대관령의 경관은 급격히 변화하며, 이 지점은 인
역할을 한다.

송천교 이후로는 넓은 수변 공간과 소규모 공동주택 단지가 이어지며, 도
간헐적으로 분포해 있다.

평창 올림픽 선수촌 아파트는 읍내에서 약 2km 떨어진 곳에 위치해 있
미개발지가 공존하여 뚜렷한 대비를 이룬다.

전반적으로 대관령 면의 시퀀스는 하천과 도로를 축으로 개발지와 미개
이는 대관령 경관의 본질적 특성으로 볼 수 있다.

우리는 대관령 경관의 본질을 개발지와 미개발지의 중첩적 시퀀스

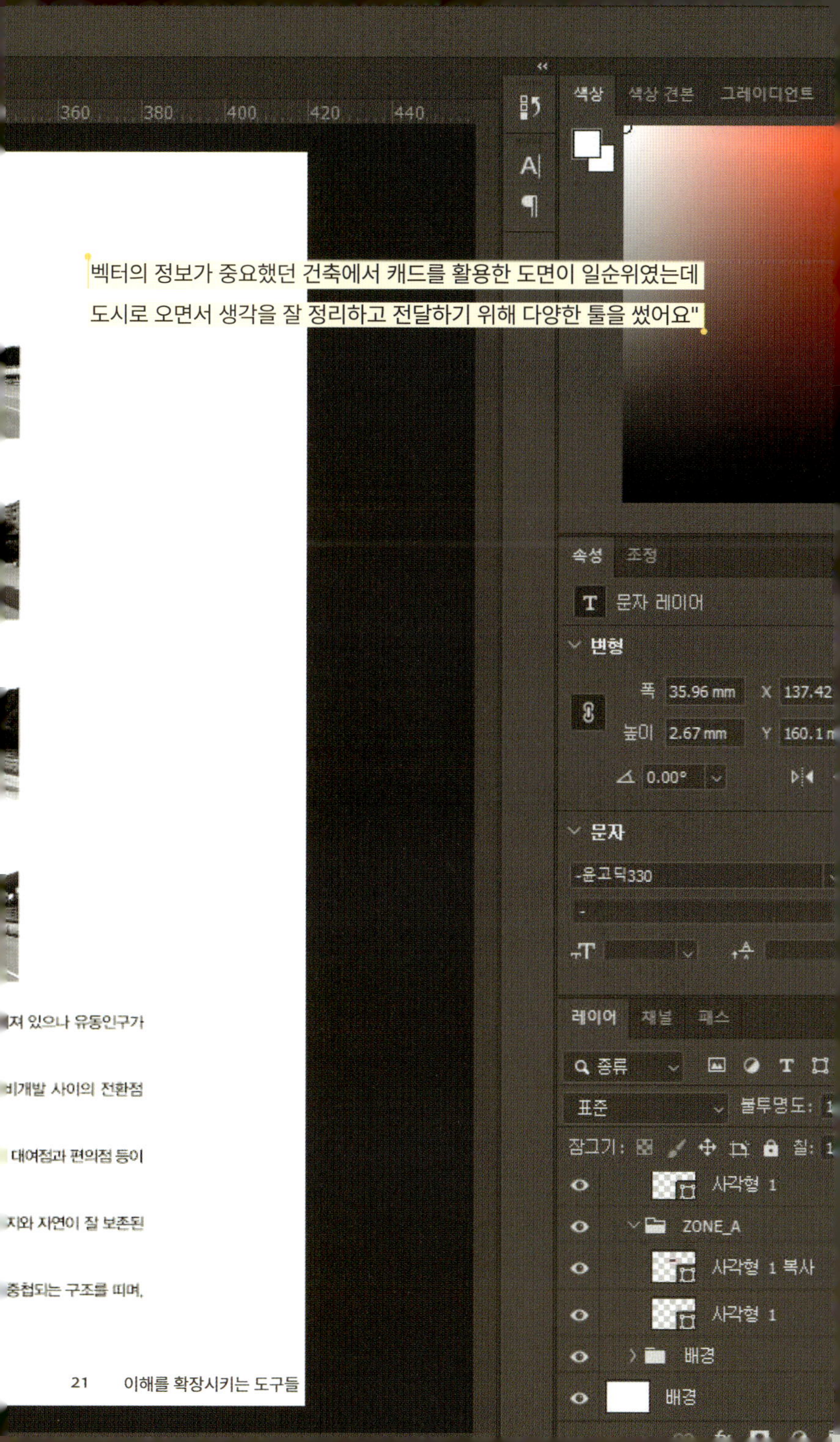

벡터의 정보가 중요했던 건축에서 캐드를 활용한 도면이 일순위였는데
도시로 오면서 생각을 잘 정리하고 전달하기 위해 다양한 툴을 썼어요"

"장소를 알아간다는 것이 명쾌하게 이곳을 정의하는 것이 아니라
역사, 통계, 책들을 더듬어가면서 기대할만한 무언가를 발견하는 일 같아요"

평창군 행정구역과 지명

구려 욱오현(郁烏縣)이었는데, 경덕왕이 이름을 고쳤다. 지금의 평창현(平昌縣)이다."는 기록에서 처음 평창이라는 지명을 볼 수 있다. 고구려에서 욱오현 · 우오현(牛烏縣) 혹은 울오현(鬱烏縣)이라고 불리던 백오현은 757년(신라 경덕왕 16)에 자춘현(子春縣) · 주천현(酒泉縣)과 함께 내성군(奈城郡, 현 영월군)의 영현(領縣)이 되었다. 고려에 와서는 940년(태조 23)에 평창현으로 개칭되었다. 1299년(충렬왕 25)에는 현령을 두었고, 1387년(우왕 13)에는 충신 이신(李信)의 고향이라고 하여 군으로 승격되었다. 『고려사』에 따르면 노산(魯山)이라고 부르기도 하였다. 『평창군신지지』에 따르면 조선시대에는 군내면(郡內面) · 북면(北面) · 남면(南面) · 미탄면(美灘面) · 동면(東面)으로 이루어져 있었다. 1895년(고종 32) 부제가 실시되어 충주부(忠州府) 평창군이 되었고, 1896년(고종 33)에 다시 도제가 실시되면서 강원도에 편입되었다. 1906년(광무 10)에 동면이 정선군으로 이관되고, 강릉으로부터 대화면 · 진부면 · 봉평면의 3면을 편입하였다. 1914년 행정구역 개편 때 군내면 · 남면 · 북면을 합친 뒤 1917년부터 평창면이라 하였다. 1931년에는 정선군 도암면이 평창군으로 흡수되었고, 대화면의 방림 · 운교 · 계촌리를 나누어 방림면을 새로 만들었다. 1973년 도암면 봉산리와 호명리 일부가 진부면으로 편입되고 진부면 장평리가 봉평면으로 편입되었다. 1979년에 평창읍이 읍으로 승격되었다. 1983년에는 봉평면 · 진부면 · 대화면의 일부를 합쳐 용평면이 새로 생겨났다. 2007년 도암면이 대관령면으로 개칭되면서 1읍 7면의 오늘에 이르고 있다.

평창읍 平昌邑 Pyeongchang-eup 군의 남쪽 끝에 위치한 읍이다. 관내에 군청이 소재한다. 상리 · 중리 · 하리 · 천변리 등 31개 법정리를 관할하고 있다. 조선시대에는 군내면(郡內面)으로 불리었다. 『호구총수』에는 군내면에 속하는 종부리(鍾阜里) · 지동리 · 읍상리(邑上里) · 교동리(校洞里) 등의 리 지명이 수록되어 있다. 『여지도서』에는 송정리(松亭里) · 염암리 · 지동리(池洞里) · 종부리(鐘富里) 등의 위치와 호구수, 인구수가 수록되어 있다. 1895년(고종 32)의 지방관제 개편 당시 10개 리를 관할하였다. 1914년에는 남면(南面)의 10개 리와 북

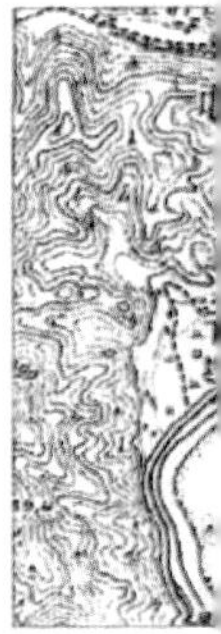

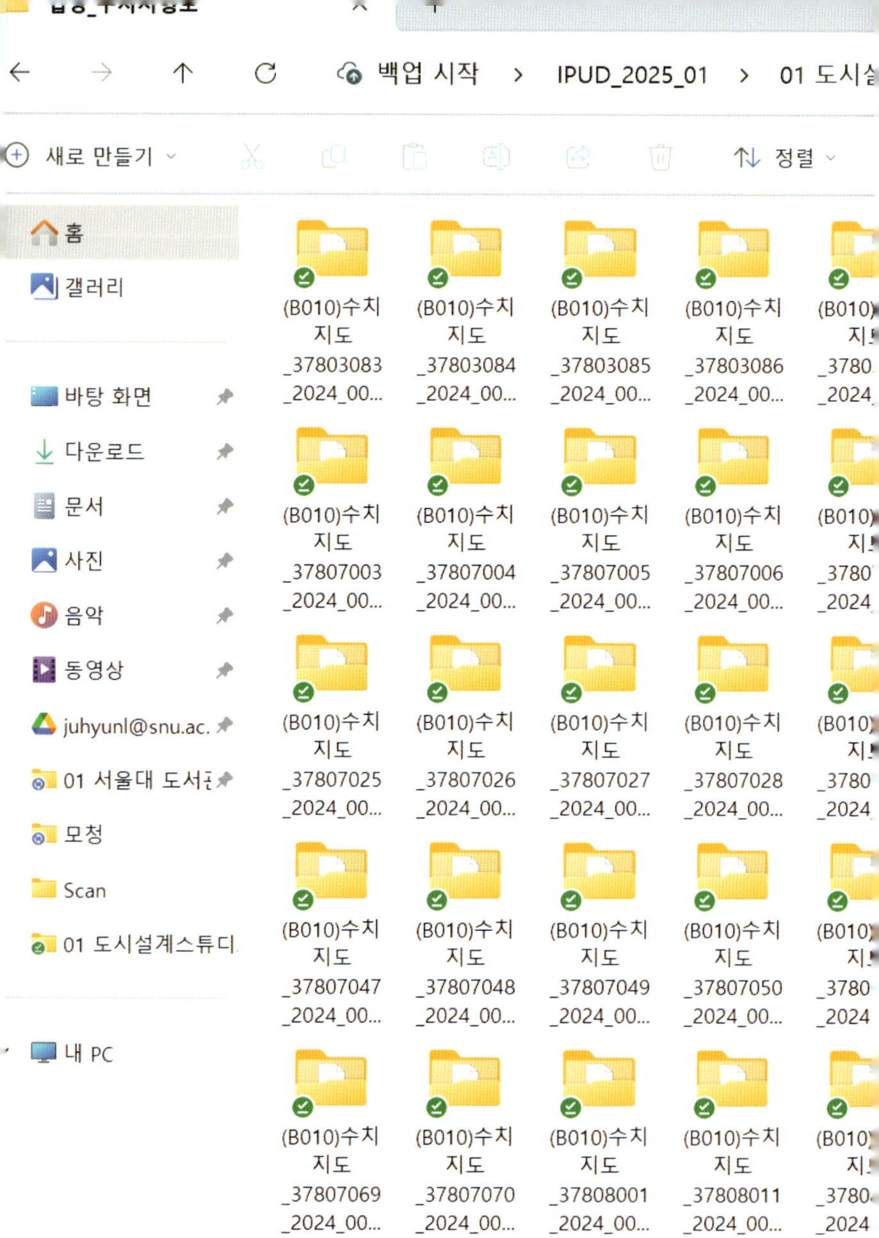
백업 시작
IPUD_2025_01
01 도시설
새로 만들기
정렬
홈
갤러리
바탕 화면
다운로드
문서
사진
음악
동영상
juhyunl@snu.ac.
01 서울대 도서
모청
Scan
01 도시설계스튜디
내 PC
(B010)수치지도_37803083_2024_00...
(B010)수치지도_37803084_2024_00...
(B010)수치지도_37803085_2024_00...
(B010)수치지도_37803086_2024_00...
(B010)수치지도_37807003_2024_00...
(B010)수치지도_37807004_2024_00...
(B010)수치지도_37807005_2024_00...
(B010)수치지도_37807006_2024_00...
(B010)수치지도_37807025_2024_00...
(B010)수치지도_37807026_2024_00...
(B010)수치지도_37807027_2024_00...
(B010)수치지도_37807028_2024_00...
(B010)수치지도_37807047_2024_00...
(B010)수치지도_37807048_2024_00...
(B010)수치지도_37807049_2024_00...
(B010)수치지도_37807050_2024_00...
(B010)수치지도_37807069_2024_00...
(B010)수치지도_37807070_2024_00...
(B010)수치지도_37808001_2024_00...
(B010)수치지도_37808011_2024_00...

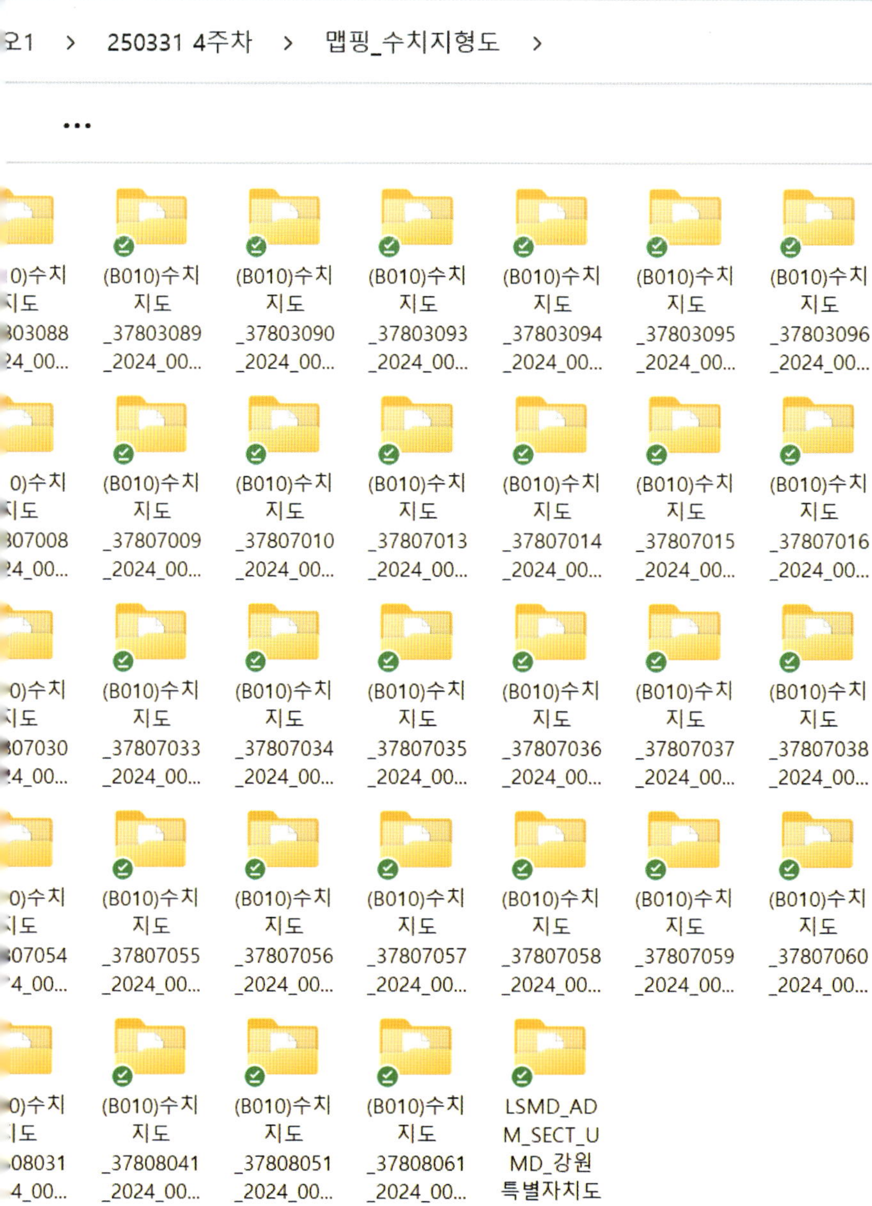

"도시를 다루면서 가장 많이 변한 것은
봐야하는, 이해해야하는 자료가 많아지고 했고
의도를 가진 기준으로 자료를 구성하는데 시간을 많이 보냈어요 "

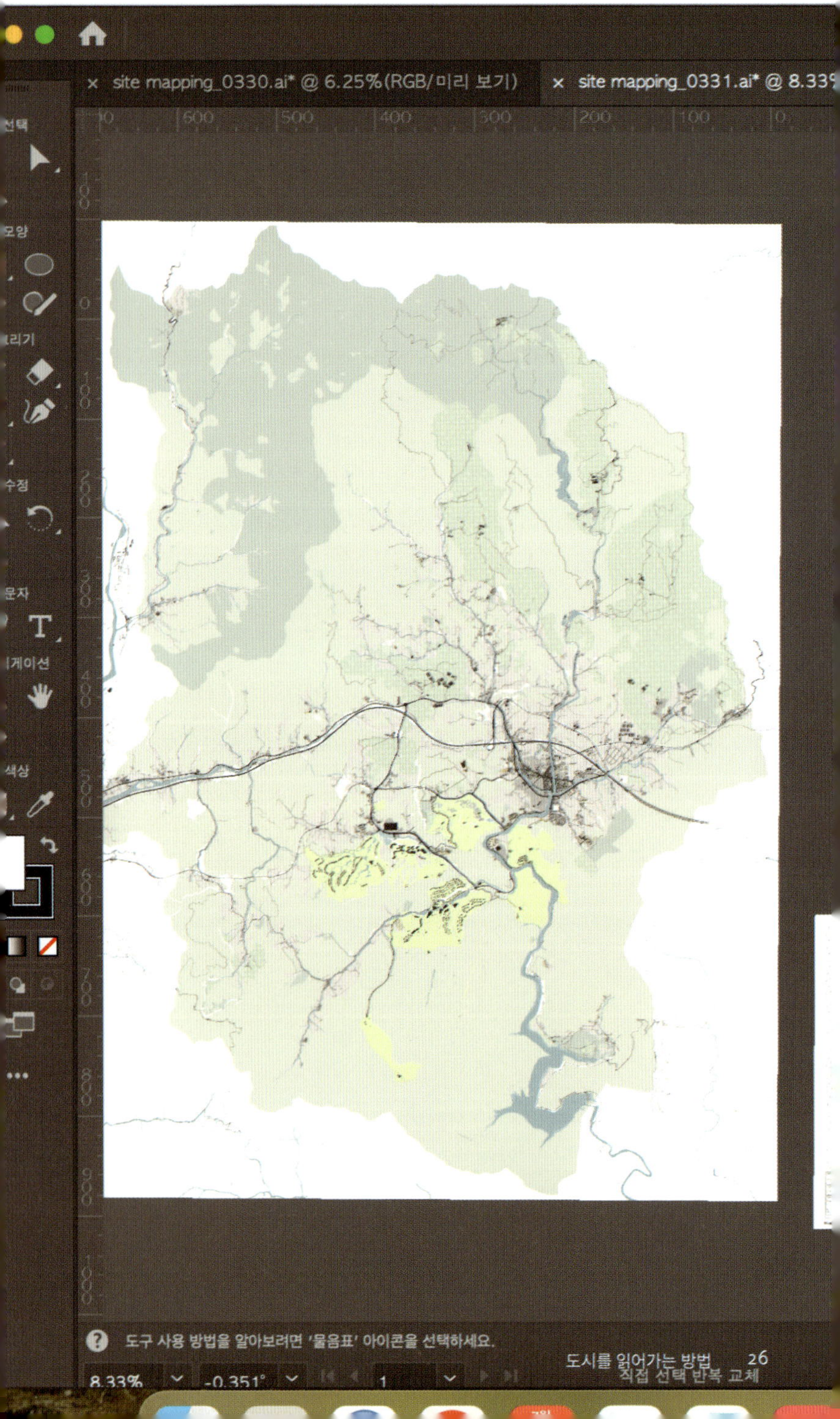
site mapping_0330.ai* @ 6.25%(RGB/미리 보기)
site mapping_0331.ai* @ 8.33
선택
모양
수정
문자
색상
도구 사용 방법을 알아보려면 '물음표' 아이콘을 선택하세요.
직접 선택 반복 교체
8.33%
-0.351°

"평평한 모니터를 통해 자료를 정리하지만
자료들을 모으고 띄워놓으면 각자의 높이를 가져 입체로 느껴져요"

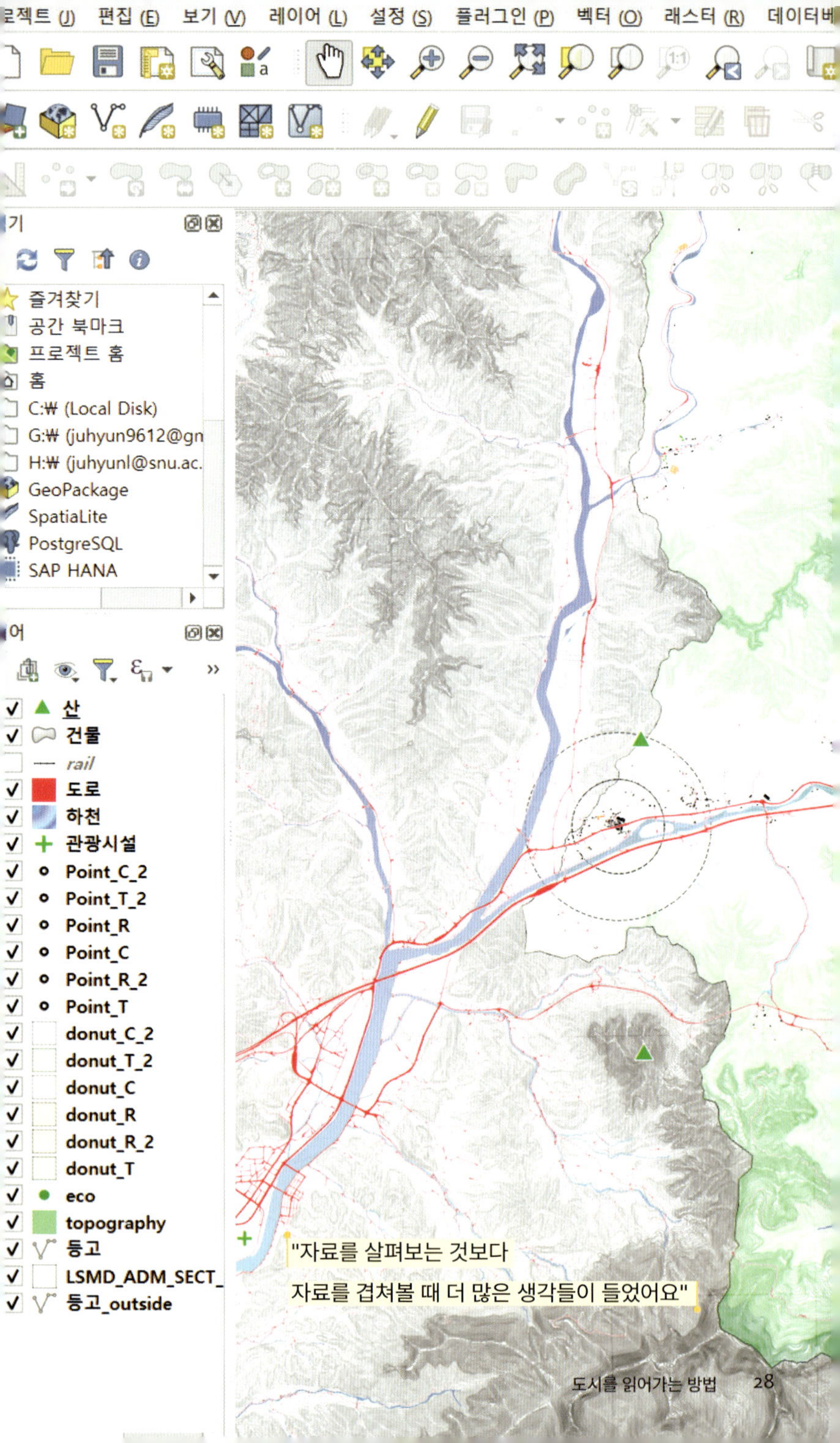

"자료를 살펴보는 것보다

자료를 겹쳐볼 때 더 많은 생각들이 들었어요"

W) 메시 (M) 공간 처리 (C) 도움말 (H)

"일본 답사를 통해 얻으려했던 것은
명쾌한 답이 아니고 이럴 수도 있겠다의 가능성이었어요"

"직접 본다는 것은 동시에 8가지 뉴스를 틀고
그 날의 일을 이해하려는 것처럼 많은 정보가 쏟아져요"

"보는 것 뿐만 아니라 그것들을
제 입으로 다시 얘기하면서 배우거나 깨달은 게 많았어요"

CAFE

"스케치는 도시적 스케일에 대한 감각을 흩트리기도,
상상을 확장하기도 하는 것 같아요"

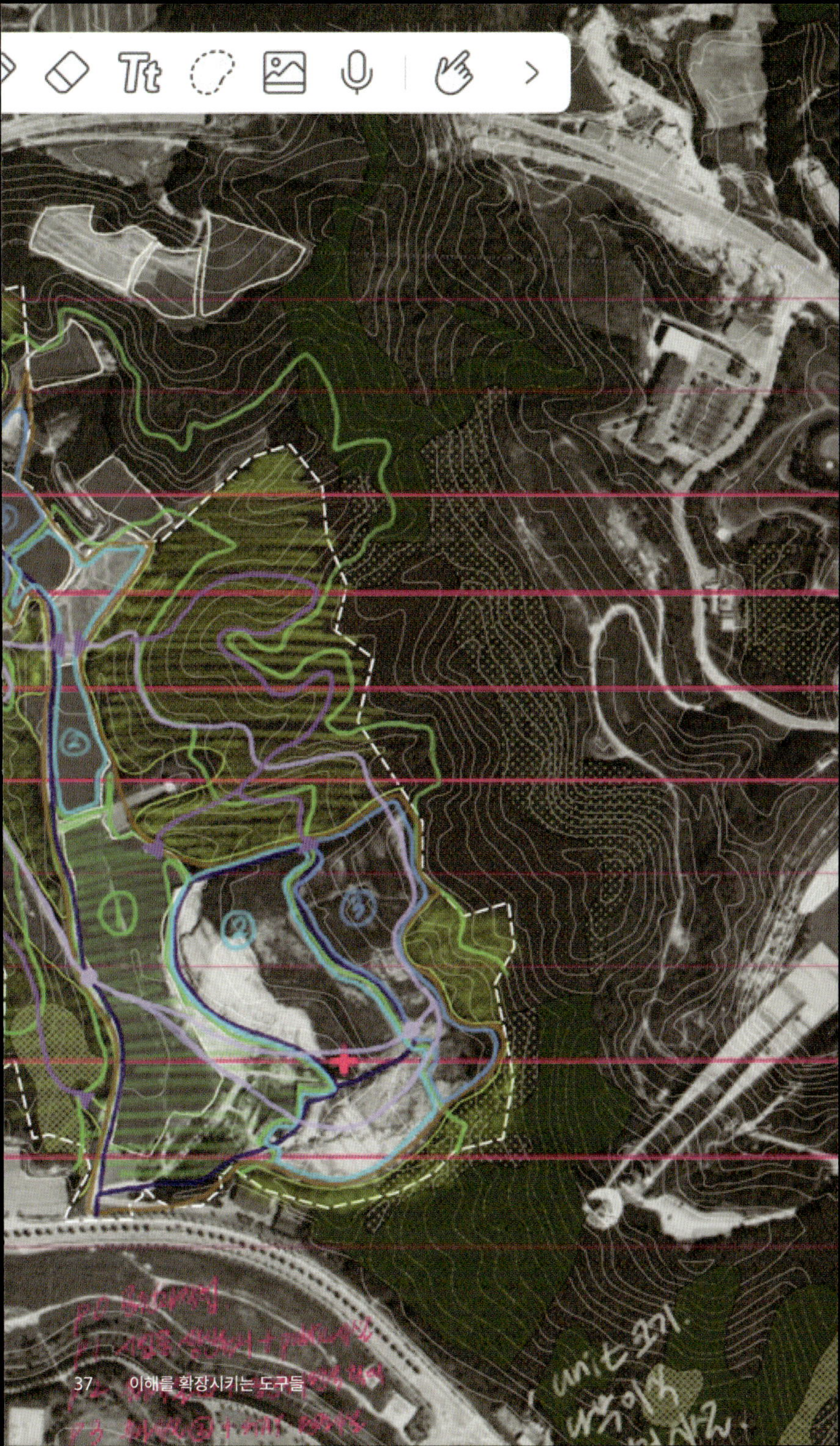

"도시는 복잡하고 다층적인 관계 사이에서 작동할 수 있는
무언가를 생각하기 위해 정보가 점점 쌓이고 그것을 정리하는데 많은 노력을 했어요"

3D 모델링을 하면서 어디에 무엇이 어떻게 자리잡고 있는지를
명확하게 보이도록 구체화하는데 신경을 썼던 것 같아요"

Render Tools
Drafting
New in V8
VRay All
Enscape
RhinoGrow

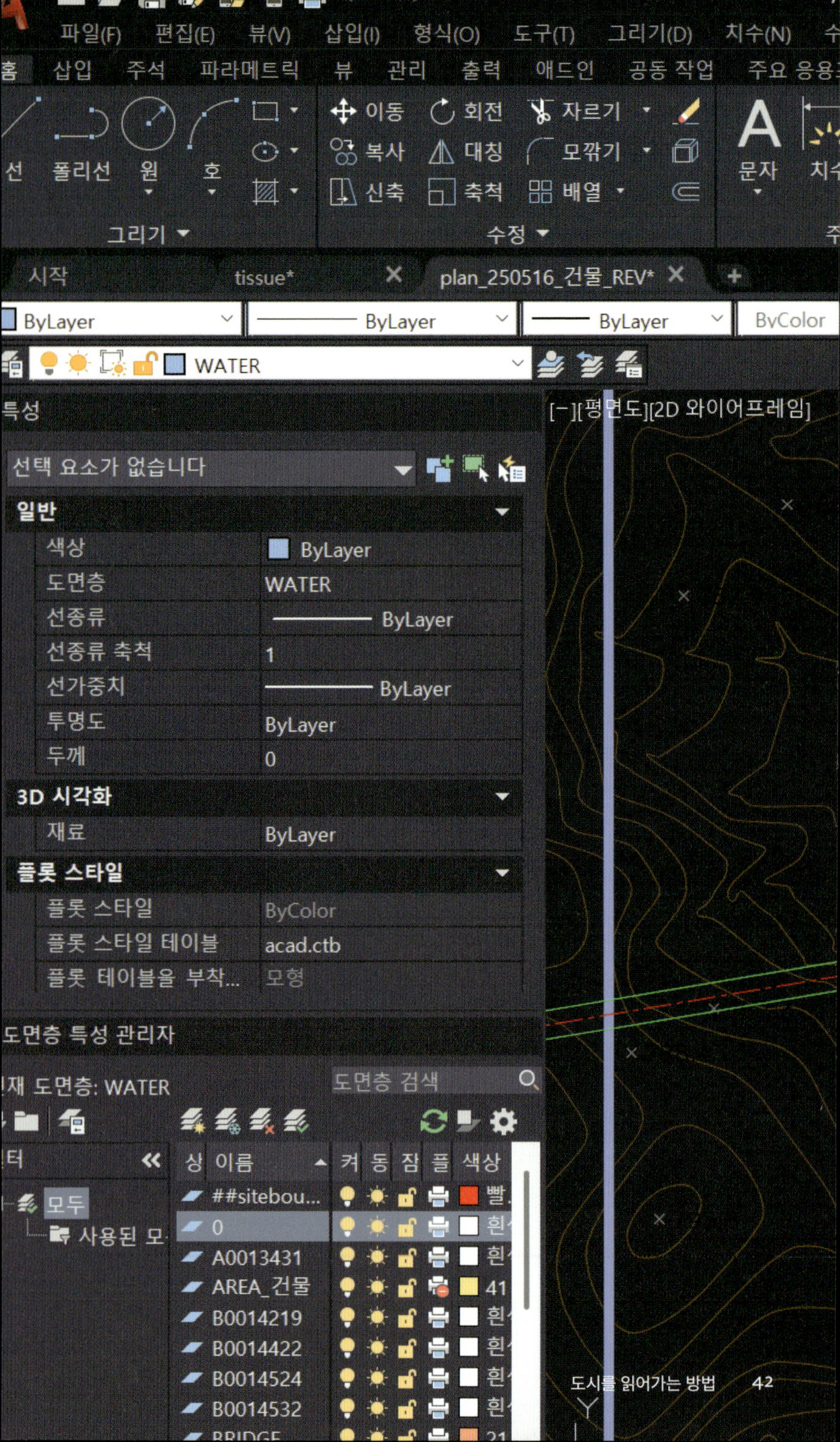

파일(F) 편집(E) 뷰(V) 삽입(I) 형식(O) 도구(T) 그리기(D) 치수(N)
홈 삽입 주석 파라메트릭 뷰 관리 출력 애드인 공동 작업 주요 응용
선 폴리선 원 호
이동 회전 자르기
복사 대칭 모깎기
신축 축척 배열
문자 치수
그리기
수정
시작 tissue* plan_250516_건물_REV*
ByLayer ByLayer ByLayer ByColor
WATER
특성
[−][평면도][2D 와이어프레임]
선택 요소가 없습니다
일반
색상 ByLayer
도면층 WATER
선종류 ByLayer
선종류 축척 1
선가중치 ByLayer
투명도 ByLayer
두께 0
3D 시각화
재료 ByLayer
플롯 스타일
플롯 스타일 ByColor
플롯 스타일 테이블 acad.ctb
플롯 테이블을 부착... 모형
도면층 특성 관리자
재 도면층: WATER
도면층 검색
모두
사용된 모
상 이름 켜 동 잠 플 색상
##sitebou...
0
A0013431
AREA_건물 41
B0014219
B0014422
B0014524
B0014532

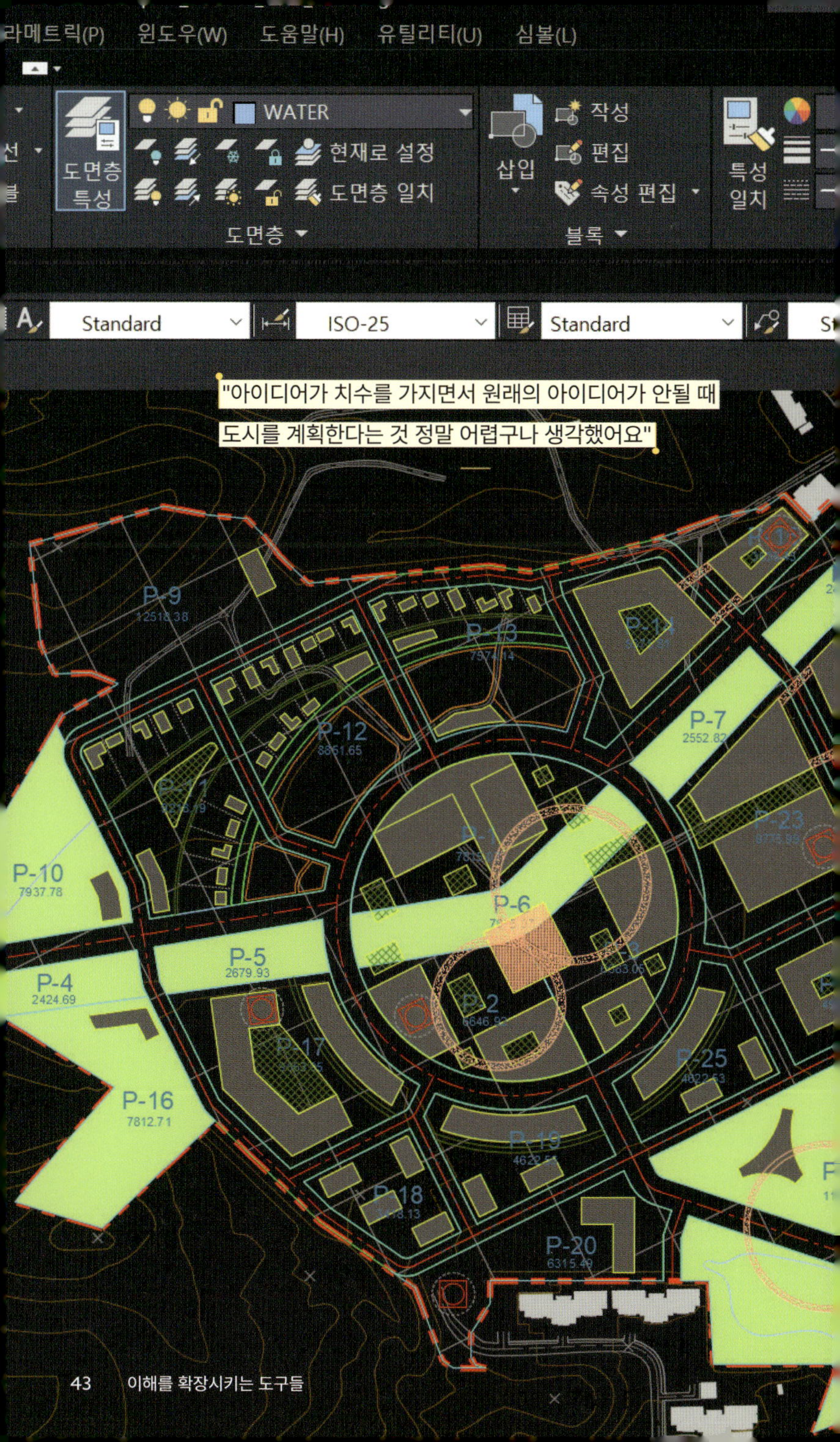

"아이디어가 치수를 가지면서 원래의 아이디어가 안될 때 도시를 계획한다는 것 정말 어렵구나 생각했어요"

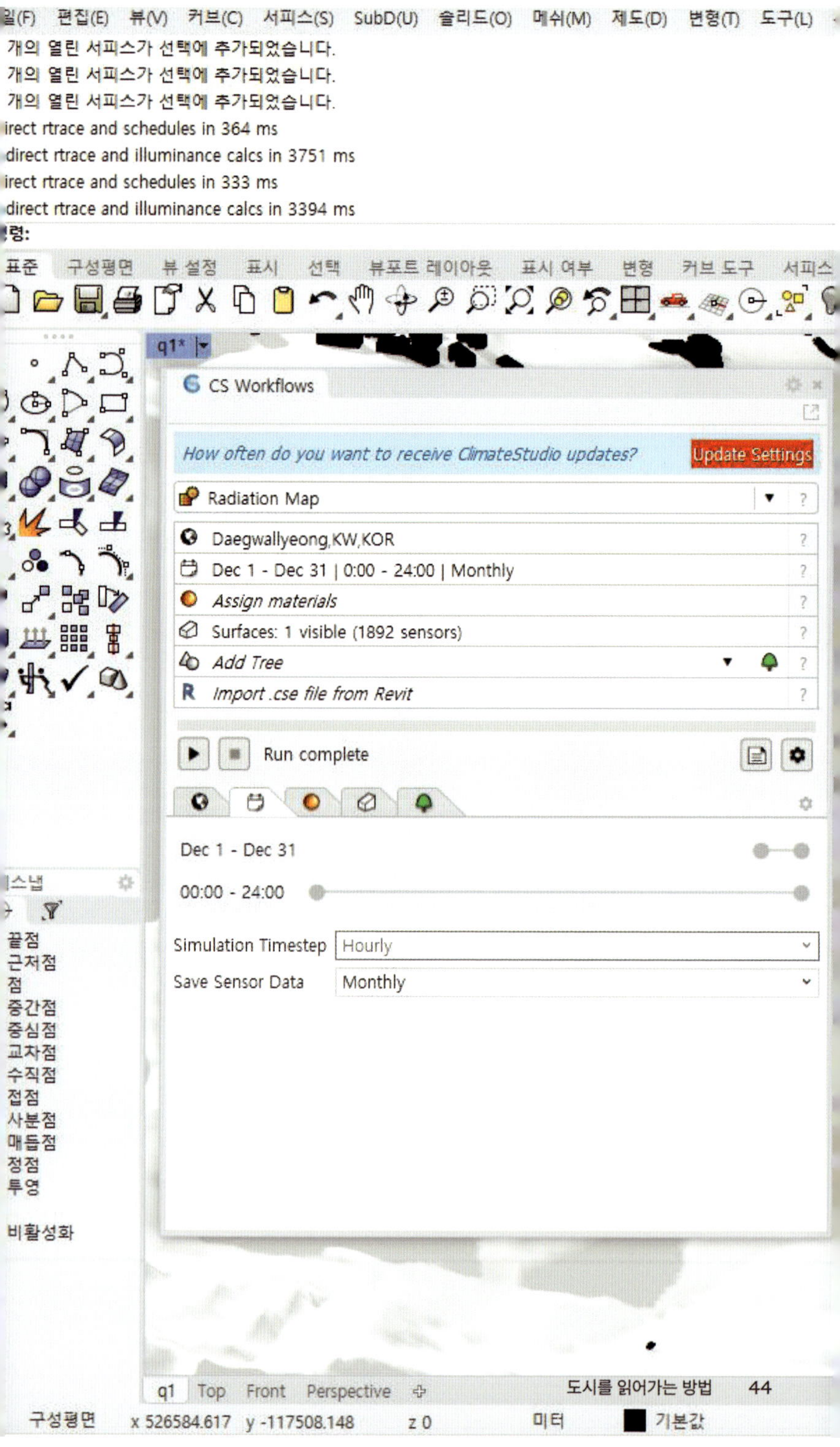
일(F) 편집(E) 뷰(V) 커브(C) 서피스(S) SubD(U) 솔리드(O) 메쉬(M) 제도(D) 변형(T) 도구(L)
개의 열린 서피스가 선택에 추가되었습니다.
개의 열린 서피스가 선택에 추가되었습니다.
개의 열린 서피스가 선택에 추가되었습니다.
irect rtrace and schedules in 364 ms
direct rtrace and illuminance calcs in 3751 ms
irect rtrace and schedules in 333 ms
direct rtrace and illuminance calcs in 3394 ms
령:
표준 구성평면 뷰 설정 표시 선택 뷰포트 레이아웃 표시 여부 변형 커브 도구 서피스
q1*
CS Workflows
How often do you want to receive ClimateStudio updates?
Update Settings
Radiation Map
Daegwallyeong,KW,KOR
Dec 1 - Dec 31 | 0:00 - 24:00 | Monthly
Assign materials
Surfaces: 1 visible (1892 sensors)
Add Tree
Import .cse file from Revit
Run complete
Dec 1 - Dec 31
00:00 - 24:00
Simulation Timestep
Hourly
Save Sensor Data
Monthly
스냅
끝점
근처점
점
중간점
중심점
교차점
수직점
접점
사분점
매듭점
정점
투영
비활성화
q1 Top Front Perspective
구성평면 x 526584.617 y -117508.148 z 0 미터 기본값

(R) Paneling Tools 창(W) 도움말(H)

"건드릴 수 없는 중립적인, 사실(Fact)라고 생각했던 것들도
의도를 가지면 해석하기 나름이며
그것들을 활용하여 생각을 설명하는데 많은 시간을 할애했어요"

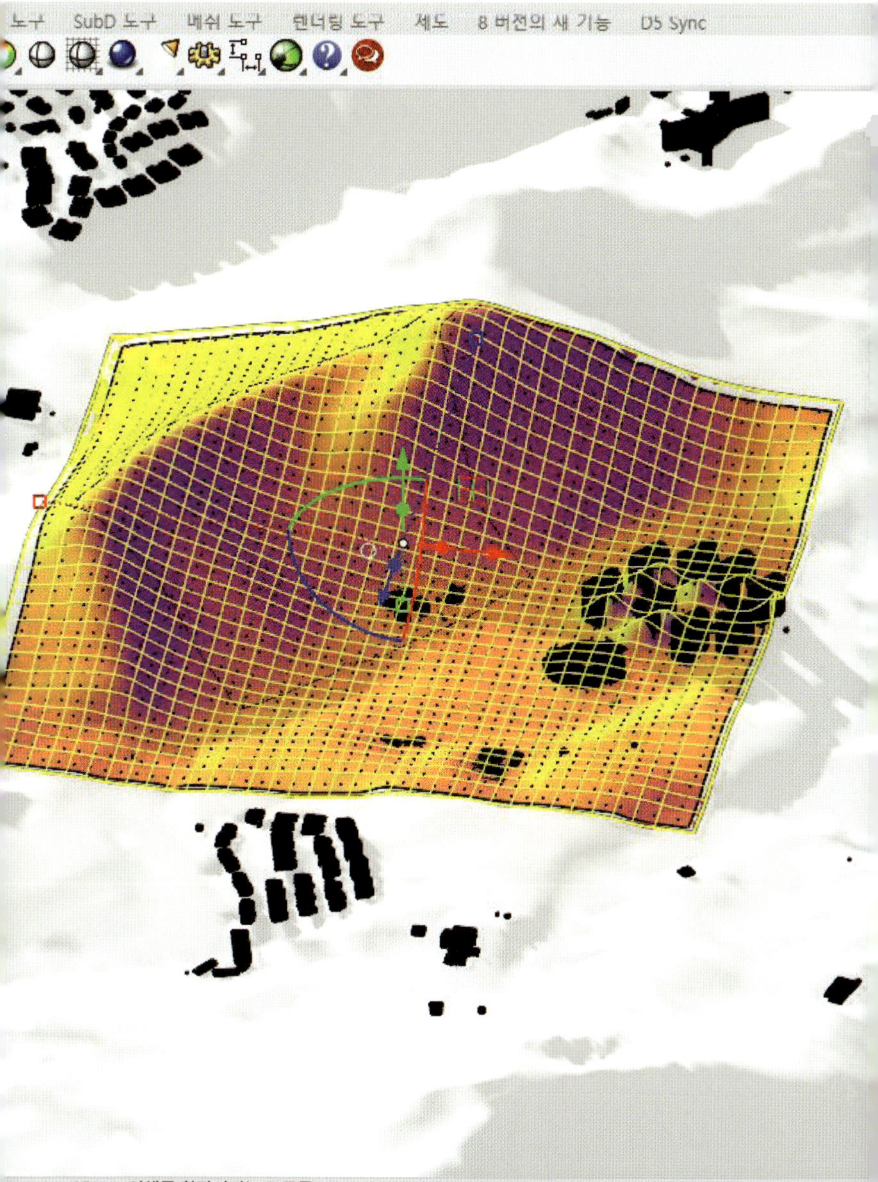

스냅 직교모드 평면모드 개체스냅 SmartTrack 검볼 (구성평면) 자동 구성평면 (개체) 히스

"단면과 해발고도, 지형과 3D를 오가면서
어떻게든 기준을 잡는 것 자체가 제일 어렵고 오래걸렸어요"

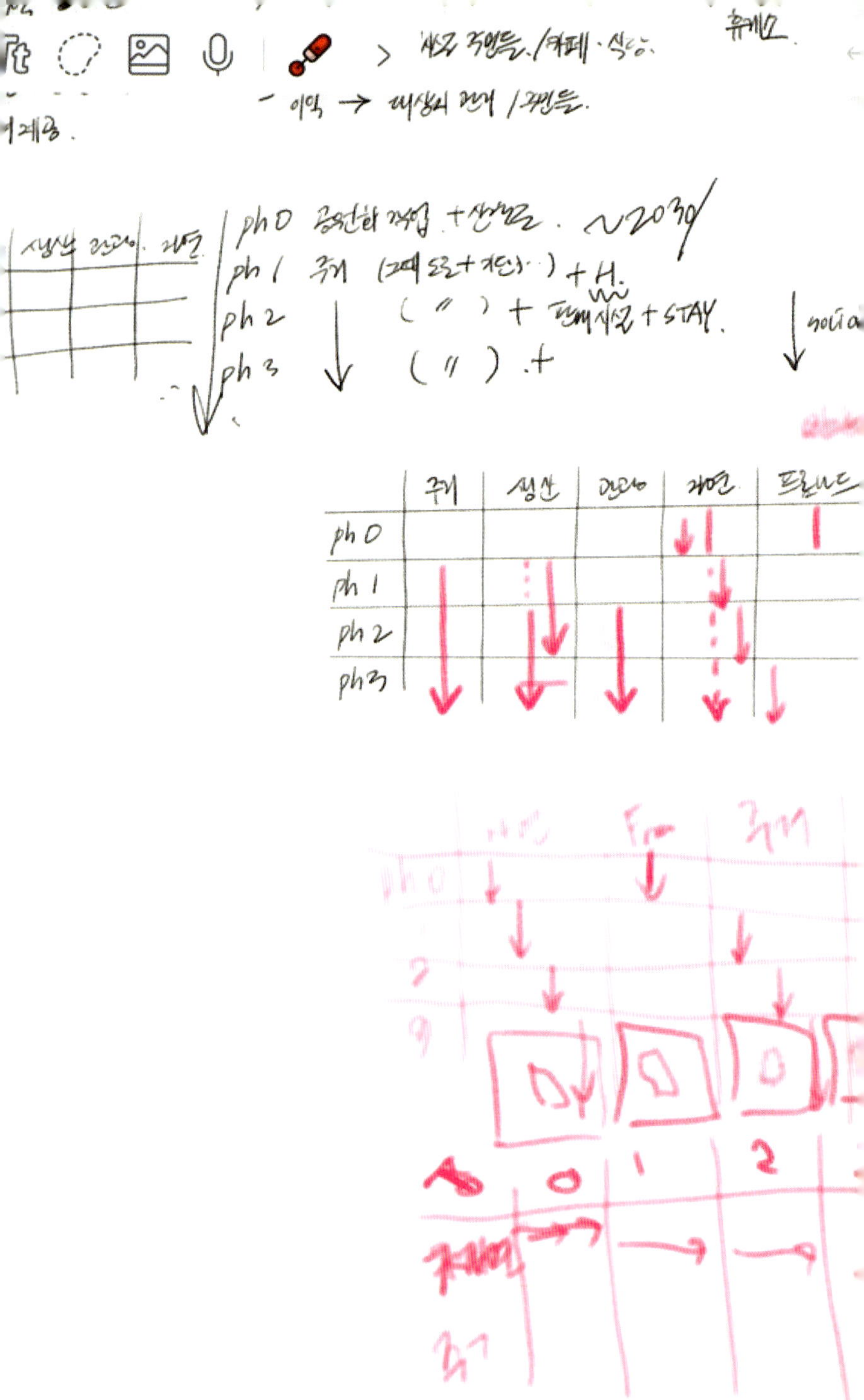
ph 0
ph 1
ph 2
ph 3
STAY

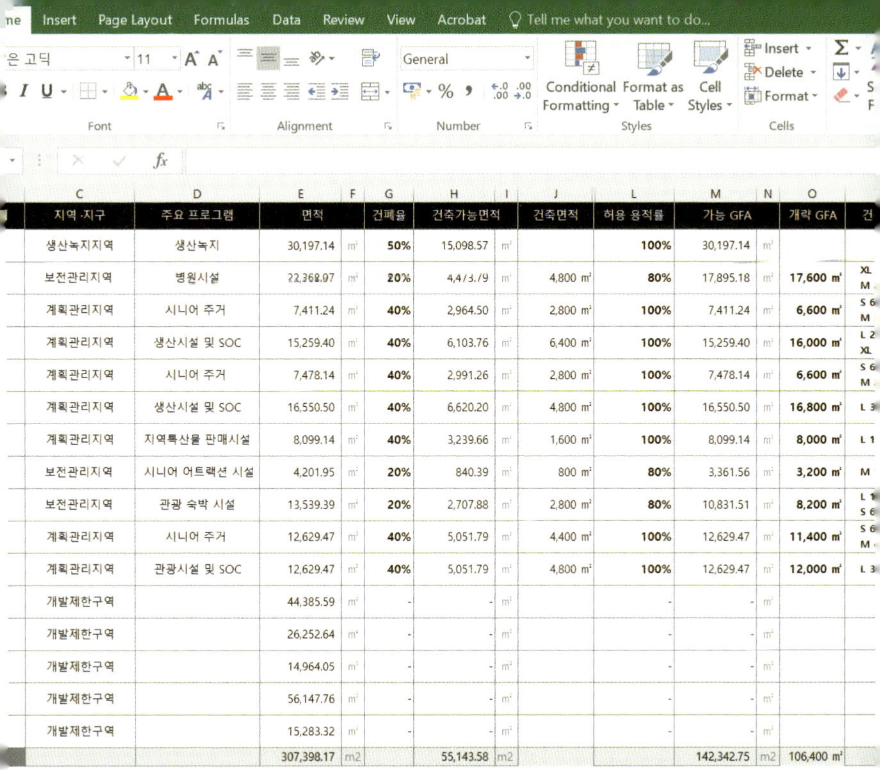

지역·지구	주요 프로그램	면적		건폐율	건축가능면적		건축면적	허용 용적률	가능 GFA		개략 GFA	건
생산녹지지역	생산녹지	30,197.14	㎡	**50%**	15,098.57	㎡		**100%**	30,197.14	㎡		
보전관리지역	병원시설	22,368.07	㎡	**20%**	4,473.79	㎡	4,800 ㎡	**80%**	17,895.18	㎡	**17,600 ㎡**	XL M
계획관리지역	시니어 주거	7,411.24	㎡	**40%**	2,964.50	㎡	2,800 ㎡	**100%**	7,411.24	㎡	**6,600 ㎡**	S 6 M
계획관리지역	생산시설 및 SOC	15,259.40	㎡	**40%**	6,103.76	㎡	6,400 ㎡	**100%**	15,259.40	㎡	**16,000 ㎡**	L 2 XL
계획관리지역	시니어 주거	7,478.14	㎡	**40%**	2,991.26	㎡	2,800 ㎡	**100%**	7,478.14	㎡	**6,600 ㎡**	S 6 M
계획관리지역	생산시설 및 SOC	16,550.50	㎡	**40%**	6,620.20	㎡	4,800 ㎡	**100%**	16,550.50	㎡	**16,800 ㎡**	L 3
계획관리지역	지역특산물 판매시설	8,099.14	㎡	**40%**	3,239.66	㎡	1,600 ㎡	**100%**	8,099.14	㎡	**8,000 ㎡**	L 1
보전관리지역	시니어 어트랙션 시설	4,201.95	㎡	**20%**	840.39	㎡	800 ㎡	**80%**	3,361.56	㎡	**3,200 ㎡**	M
보전관리지역	관광 숙박 시설	13,539.39	㎡	**20%**	2,707.88	㎡	2,800 ㎡	**80%**	10,831.51	㎡	**8,200 ㎡**	L 1 S 6
계획관리지역	시니어 주거	12,629.47	㎡	**40%**	5,051.79	㎡	4,400 ㎡	**100%**	12,629.47	㎡	**11,400 ㎡**	S 6 M
계획관리지역	관광시설 및 SOC	12,629.47	㎡	**40%**	5,051.79	㎡	4,800 ㎡	**100%**	12,629.47	㎡	**12,000 ㎡**	L 3
개발제한구역		44,385.59	㎡	-	-	㎡		-	-	㎡		
개발제한구역		26,252.64	㎡	-	-	㎡		-	-	㎡		
개발제한구역		14,964.05	㎡	-	-	㎡		-	-	㎡		
개발제한구역		56,147.76	㎡	-	-	㎡		-	-	㎡		
개발제한구역		15,283.32	㎡	-	-	㎡		-	-	㎡		
		307,398.17	m2		55,143.58	m2			142,342.75	m2	106,400 ㎡	

"도시를 다루면서 순서와 숫자랑 가까워져야 했어요
무엇을 어떤 순서로 만들어 도시를 구성해나갈지
그것들의 크기와 면적은 어느 정도가 적정한지 고민했어요"

도시로 바꿔말하기

심준형
이주현
소정호
박시연
이영준
곽민준

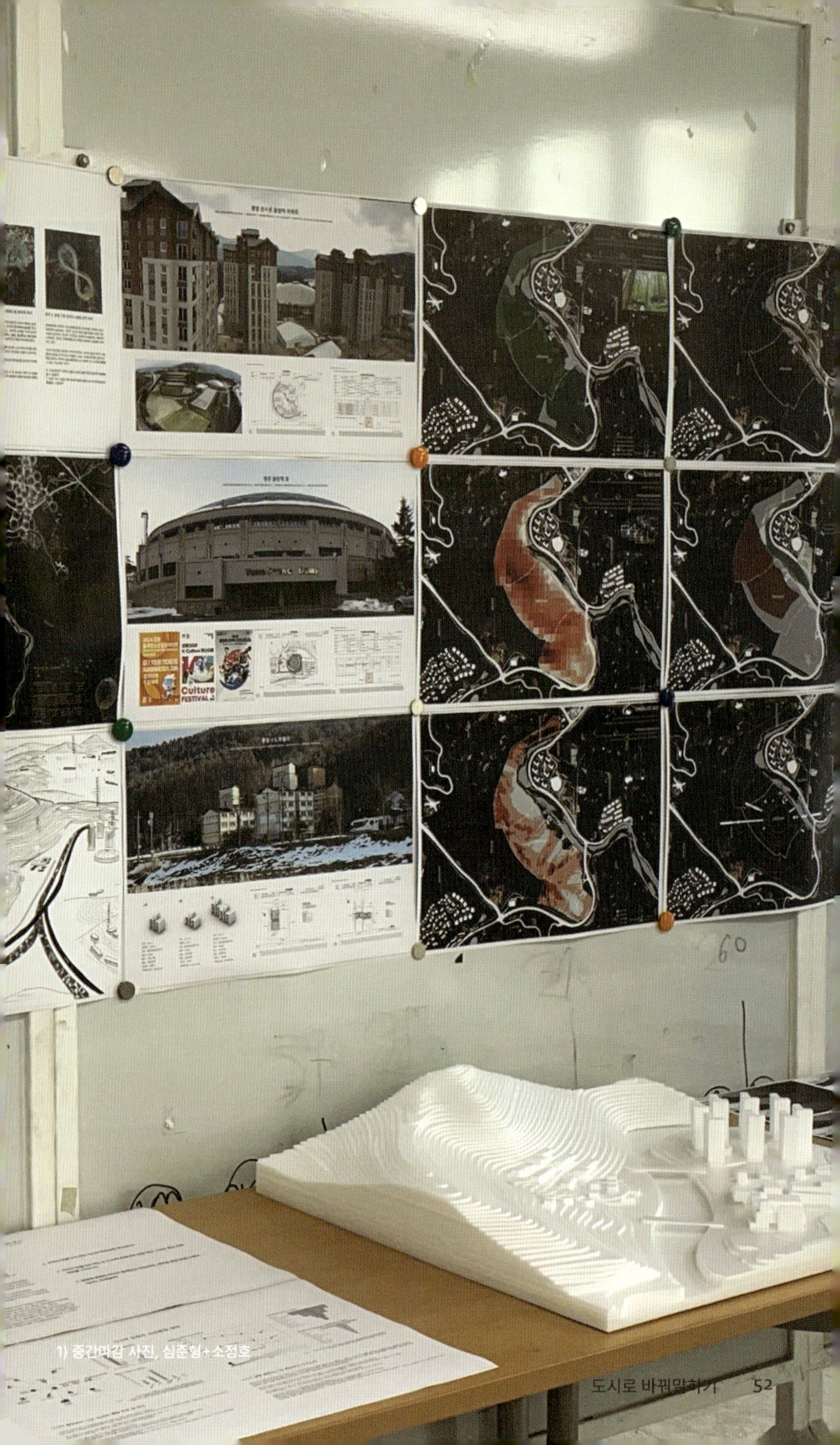

1) 중간마감 사진, 심준형+소정호

심준형이
바꿔 말한 것

준형
울대학교
대학 건축학과 박사과정
JS 연구실

나는 현재 건축학과 박사과정에 재학 중이지만, 협동과정 도시설계학 전공이 아닌 도시계획 및 데이터 분석 중심의 연구실에 소속되어 있다. 설계 기반의 연구보다는 도시의 현상과 문제를 데이터로 분석하고, 이를 바탕으로 이론적 체계를 정립하고 증명해나가는 작업을 주로 하고 있다. 그런 이유로, 건축 및 도시설계와는 다소 거리가 있는 일들을 주로 해왔으며, 디자인을 그만두고 모델링 소프트웨어를 다룬 지 어느덧 2년이라는 시간이 흘렀다. 지금의 연구활동에 대해서는 충분히 만족하고 있으며, 오히려 설계라는 작업은 여전히 나에게 있어 진입 장벽이 높은, 쉽지 않은 분야로 느껴진다.

사실, 연구와 설계는 같은 도시 분야에 속해 있지만 그 접근 방식과 성격은 매우 다르다. 연구는 기존에 존재하는 문제들을 체계적으로 분석하고, 이를 이론적으로 정리하거나 새로운 관점에서 설명하는 데 초점이 있다. 반면, 설계는 보다 실질적인 물리적 결과물을 통해 도시의 문제를 해결하고자 하는 시도이며, 해결책을 구체적인 공간 형태로 구현하는 과정이라 할 수 있다. 이러한 점에서, 양자는 서로 보완적이지만 동시에 전혀 다른 작업이라는 생각이 든다.
그럼에도 불구하고, 이번 학기에 도시설계 스튜디오가 열린다는 소식을 접했을 때 나는 망설임 없이 신청하게 되었다. 여러 가지 이유가 있었지만, 가장 큰 동기를 몇 가지로 정리하자면 다음과 같다. 첫째, 연구와는 전혀 다른 성격의 과업을 경험해보고 싶었다. 둘째, 도시 문제를 분석만으로 해결할 수 없다는 점에서 실제 설계 작업이 병행되어야 한다는 생각이 들었다. 셋째, 내가 연구를 통해 쌓아온 이론과 분석적 접근이 실제 설계 작업에서 얼마나 실용적으로 적용될 수 있을지 직접 검증해보고 싶은 마음이 있었다. 즉, 연구와 설계의 경계에서 양쪽을 넘나들 수 있는 기회를 경험해보고 싶었다.

도시설계 스튜디오는 예상대로 쉽지 않았다. 우선 스튜디오 주제가 매우 복잡하고 난이도가 높았다. 대상지는 2018년 동계올림픽이 열렸던 강원도 평창군 대관령면으로, 우리는 이 지역을 대상으로 '시니어 타운 조성'이라는 목표 아래 설계를 진행해야 했다. 하지만 현장 답사를 통해 확인한 지역의 실상은 예상과 매우 달랐다. 국제적인 이벤트가 열렸던 지역이라는 기대와 달리, 대관령면은 전반적으로 낙후되어 있었고, 올림픽 당시 사용되었던 여러 시설들은 제대로 활용되지 못한 채 유휴공간으로 방치되어 있는 모습을 보였다. 이로 인해 애초의 목표였던 시니어 타운 조성과 도시 재생이라는 새로운 목표가 충돌하게 되었고, 우리는 어떤 가치를 우선시해야 할지에 대해 끊임없이 고민해야 했다.

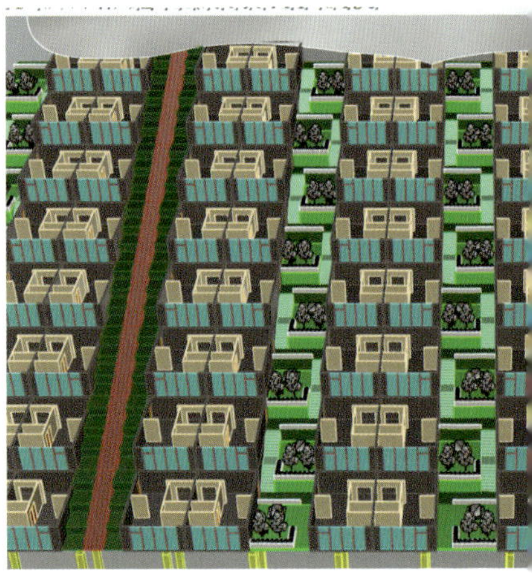
2) 3D 모델링 작업 이미지

이에 따라 우리는 평창군 대관령면의 관문 역할을 하는 횡계리 마을과 동계 스포츠 시설 및 리조트가 위치한 관광지를 포함한 광역적인 스케일에서의 분석을 수행하였다. 공간 구조, 경관 특성, 인프라 배치, 시설의 활용 현황 등을 다각적으로 조사한 결과, 올림픽 선수촌 아파트와 용평 올림픽 돔 같은 대규모 시설들이 유휴화되어 있었고, 이와 동시에 송천 하천을 중심으로 유사한 도시 경관이 반복되고 있음을 확인할 수 있었다. 우리는 이러한 특성을 바탕으로, 하천을 경계로 양측에 상반된 도시 프로그램을 배치하여 서로 다른 기능과 경관을 조성하는 전략을 세웠다.

구체적으로는 하천의 한 쪽에는 평창군의 농업 자원을 활용한 시니어 주거 단지를 조성하고, 반대편에는 관광객 및

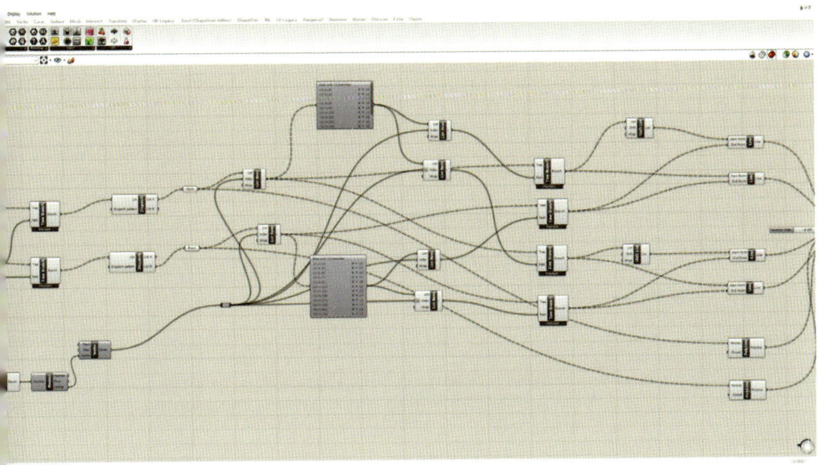

Grasshopper 기반 작업 이미지

산업 종사자들을 위한 근린생활시설, 숙박, 문화시설 등을 배치하여 지역 내 다양한 수요를 충족시킬 수 있도록 설계하였다. 또한, 노년층의 생활 반경, 이동성, 커뮤니티 형성에 대한 기존 연구 자료들을 참고하여 시니어 주거에 적합한 환경을 구성하는 데에도 심혈을 기울였다.

…의 맥락을 복잡함으로 치부…는 것이 아니라 열린 가능성으…해석하고 그 위에 새로운 기능…시설들로 구성된 마을

우리 팀의 최종 결과물인 "Typological Multi-layered City"는 농업 기반의 지역 자원을 바탕으로 은퇴 후 노년층의 주거를 유도하면서 동시에 지역 관광 인프라를 재활성화하는 새로운 경관과 프로그램을 제안했다는 점에서 의미가 크다고 생각한다. 이 설계는 단순히 공간을 재배치한 것이 아니라, 지역이 처한 복합적인 문제를 다층적인 방식으로 풀어내려는 시도였으며, 향후 지방 소도시의 지속가능한 재생 방향에 대한 실질적인 제안을 담았다는 점에서 만족스러운 결과라고 생각한다.

물론 아쉬운 점도 있었다. 평창군 전체 차원에서의 도시설

계 전략, 특히 민간 주도의 관광시설과 공공 영역에 해당하는 마을이 장기적으로 어떤 방식으로 협력할 수 있을지에 대한 시나리오가 다소 부족했다. 지역 행정과 정책, 민간의 자본, 주민의 삶이 유기적으로 연결되는 구조를 어떻게 설계에 반영할지에 대한 보완이 필요함을 느꼈다.

그럼에도 불구하고, 이번 스튜디오는 나에게 매우 의미 있는 경험이었다. 연구자로서 설계를 다시 접하며, 연구적 사고와 설계적 사고가 어떻게 조화를 이룰 수 있는지 실험할 수 있는 기회였고, 나아가 도시 문제를 이론적으로만 바라보는 것이 아닌 실제 공간으로 전환하는 과정의 중요성을 다시금 체감할 수 있었다. 앞으로도 도시설계 스튜디오가 연구자들에게 열려 있기를 바라며, 더 많은 연구자들이 설계를 통해 연구 성과의 구체적 구현을 시도해보기를 희망한다.

4) Data Driven Design

5) Rhinoceros 통한 3D 모델링

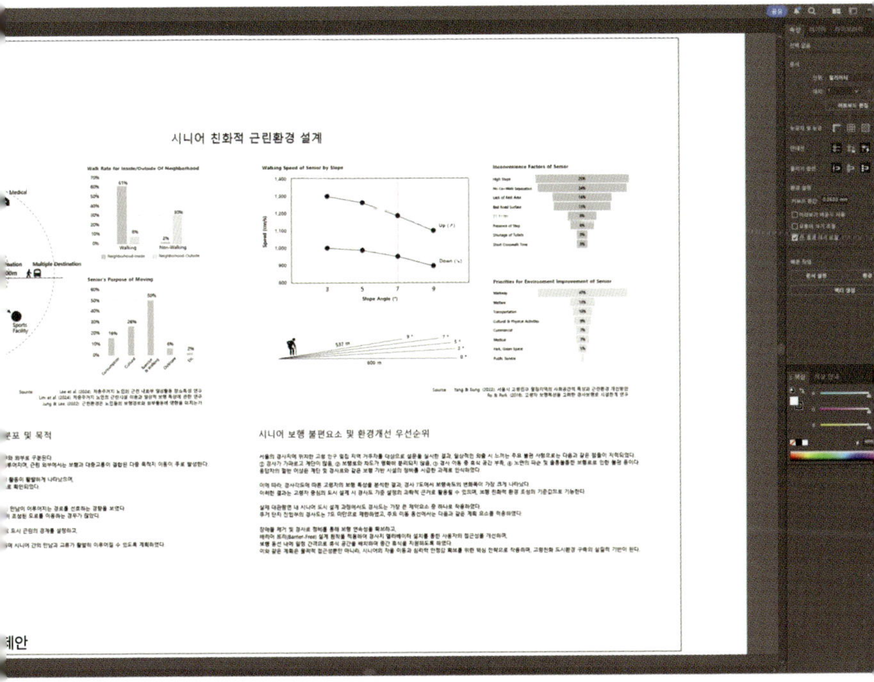
시니어 친화적 근린환경 설계
Walk Rate for Inside/Outside Of Neighborhood
Walking Speed of Senior by Slope
Inconvenience Factors of Senior
Senior's Purpose of Moving
Priorities for Environment Improvement of Senior
Slope Angle (°)
Up (↗)
Down (↘)
537 m
600 m
Multiple Destination
Sports Facility
시니어 보행 불편요소 및 환경개선 우선순위
분포 및 목적
제안

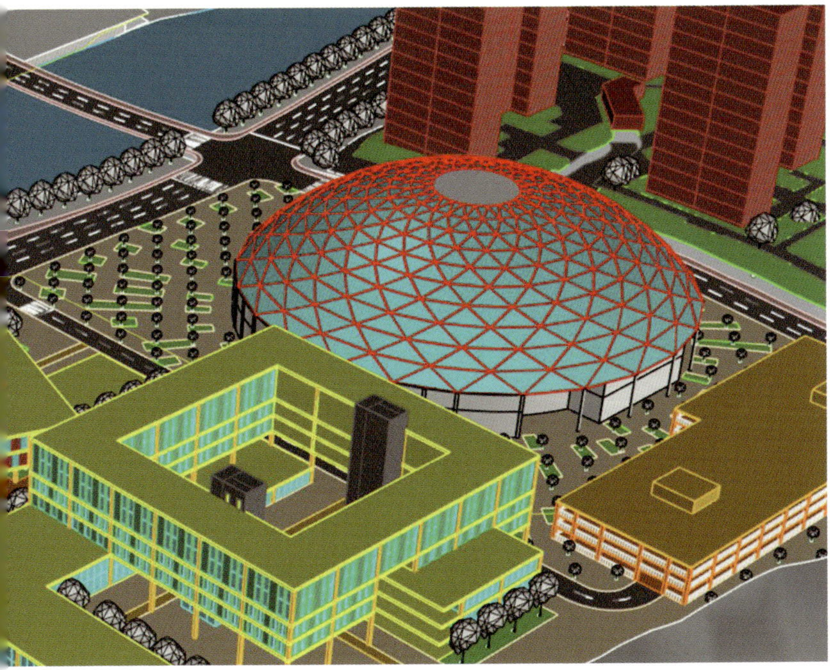

1) Photoshop 통한 자료의 중첩

이주현의 깊이와 넓이 사이의 시선

주현
울대학교
등과정 도시설계학 전공

건축 실무를 거쳐 다시 학생의 자리로 돌아왔을 때, 처음 접한 도시설계 스튜디오는 단순한 과제를 넘어 하나의 사고 방식의 전환으로 다가왔다. 특히 이번 프로젝트 주제였던 '평창 올림픽 이후 인프라를 활용한 액티브 시니어 도시'는 나에게 더욱 깊은 흥미와 동기를 부여했다. 나는 평소 사회기반시설, 그중에서도 불특정 다수가 이용하는 공공시설에 관심이 많았고, 이러한 시설이 집합적 공간으로서 수행하는 사회적 기능에 주목해왔다. 그런 점에서 고령화라는 구조적 인구문제를 공공 인프라 재활용과 연결 짓는 이번 스튜디오는 매우 매력적으로 느껴졌다. 특히 은퇴 이후의 삶을 돌봄이나 보호 중심이 아닌 능동적인 참여와 회복, 사회적 기여의 관점에서 설계하는 접근은 고령 인구를 도시의 주체로 바라본다는 점에서 의미가 컸다. 평창이라는 특수한 지역성과 올림픽이라는 거대한 인프라, 그리고 시니어의 삶이라는 사회적 주제를 엮어 도시적 해법을 제시한다는 점에서 이 프로젝트는 복합적이고 도전적인 과제였다. 이 주제를 처음 접했을 때 느낀 설렘은 설계의 규모가 커졌기 때문이 아니라 도시가 사회 문제를 어떻게 품을 수 있는지를 직접 고민해볼 수 있는 기회라는 점에서 비롯되었다.

설계의 출발점은 대지 면적 약 21만m^2라는 건축 설계와 차원이 다른 규모에서 비롯되었다. 건축 실무에서 다뤘던 가장 큰 프로젝트의 대지 면적이 약 2만m^2였던 것을 떠올리면 이번 설계는 그보다 훨씬 광범위하고 복합적인 조건들을 고려해야 했다. 물리적인 크기뿐 아니라 그 안에 담아야 할 프로그램의 다양성과 동선의 흐름, 기능의 배치가 훨씬 더 유기적이고 전략적으로 설계되어야 했기에 공간을 바라보는 시야도 달라졌다. 특히 건축에서 보통 전제로 주어지던 교통망과 인구 흐름, 사회문화적 배경 등의 광역 분석 요소들을 스스로 설정하고 해석해야 한다는 점이 신선하게 다가왔다.

Site mapping 과제를 통해 평창 지역의 의료시설이 전반적으로 부족하다는 점 그리고 시가지와 리조트 영역 사이에 명확한 경계와 단절이 존재한다는 사실을 확인하면서 자연스럽게 도시설계 프로그램의 방향성과 위치를 도출할 수 있었다. 시니어를 위한 의료·주거·커뮤니티 기능이 어디에 배치되어야 할지에 대한 논의는 분석 결과에 직접적으로 영향을 받았다. 나아가 site analysis 과제에서 다룬 역사와 지형, 지하수 오염도, 주변 기능의 분포, 기후 자원 등의 정보는 이후 land use 계획 수립 과정에 긴밀히 반영되었고 분석이 곧 설계의 전제가 되는 도시설계의 본질을 실감하게 했다. 도시를 설계한다는 것은 단순히 땅 위에 프로그램을 나열하는 것이 아니라 보다 복합적인 맥락을 읽고 해석해 전략적으로 공간을 조직하는 행위임을 알 수 있었다.

2) QGIS 통한 용도별 건물 분류 시각화 이미지

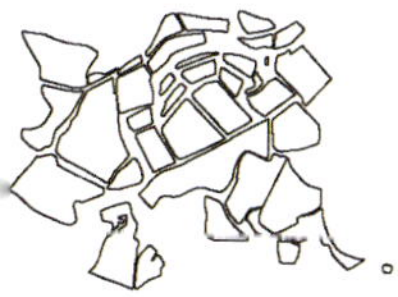

[Argriculture]

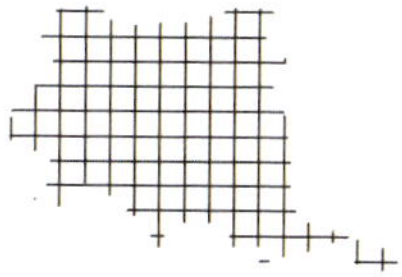

[Grid Block]

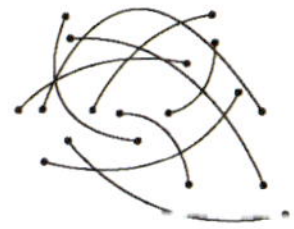

[Network]

Illustrator 통한 개념 스케치

처음에는 건축에 비해 도시설계는 다소 비정형적이고 추상적인 작업처럼 느껴졌다. 세부적인 요소보다 전체적인 방향과 전략이 먼저 요구되는 방식은 익숙하지 않았지만, 오히려 큰 흐름을 설정하고 주변 맥락과의 연계를 고려하는 나의 성향과 잘 맞았다. 건축에서 요구되는 정밀한 디테일의 조합과 완결성보다 다양한 기능과 도시의 관계를 설정하고 그 구조를 조직하는 데 집중할 수 있었다. 이처럼 전체 시스템의 틀을 주도적으로 구성하는 데서 오는 사고의 유연함과 해석의 다양성을 즐길 수 있었다. 기능적 구성의 전략을 세우며 공간을 형상화하는 설계를 넘어 도시라는 복합체의 구조를 기획하는 역할을 수행해야 한다는 것을 느꼈다.

다만, 도시설계는 그 창의성과 유연함만큼이나 막막함도 동반했다. 어떤 프로그램을 넣을지, 누구를 위한 공간인지, 몇 명을 수용해야 하는지와 같은 결정은 건축 설계보다 훨씬 많은 시나리오와 가정을 요구했다. 건축에서는 대체로 프로그램이 주어지고 그에 맞는 공간을 설계하는 방향으로 진행되었지만 도시설계에서는 프로그램 자체를 직접 설정해야 했고 그것은 곧 도시의 구조와 삶의 방향성을 좌우하는 결정이 되었다. 특히 우리 팀처럼 가까운 미래의 도시를 설계하는 프러젝트에서는 단지 현재의 문제 해결에 머무르지 않고 변화의 방향성을 고려해야 했다. 자율주행차와 UAM과 같은 미래 교통수단의 적용 가능성, 고령자의 신

체적 특성과 동선의 재해석, 스마트 농업과 에너지 자립 시스템 등 다양한 기술적 요소들은 도시의 형태뿐 아니라 프로그램과 기능 배치까지 영향을 미쳤다. 이 과정은 단순히 기술 정보를 수집을 넘어 도시가 어떤 방식으로 작동해야 하는지를 새롭게 구성하는 복합적 사고를 요구했으며 이는 도시설계가 본질적으로 융합적 사고를 요구하는 작업이라는 사실을 실감하게 했다. 다양한 미래 조건을 조합하고 통합하며 각각의 기술과 시스템이 단편적인 기능이 아니라 하나의 도시 생태계 안에서 유기적으로 연결되어야 한다는 것을 배웠다.

이번 도시설계 스튜디오는 도시를 단순한 공간의 집합이 아니라 사회 문제와 기술, 삶의 방식이 유기적으로 얽힌 하나의 시스템으로 바라보게 만든 전환점이었다. 분석을 기반으로 문제를 정의하고 다양한 분야의 정보를 융합해 설계 전략으로 풀어내는 과정은 기존의 건축적 사고를 확장시켰고 공간을 해석하고 기획하는 새로운 언어를 익히는 기회이기도 했다. 이 경험을 통해 나는 건축과 도시를 유기적으로 넘나들며 사고할 수 있는 역량을 키우며, 물리적 형상에 머무르지 않고 구조와 도시 관계, 기능의 흐름을 함께 사고하는 설계자로서 한 걸음 나아갈 수 있었다. 건축 설계의 깊이와 도시 설계의 넓이를 함께 진행하며, 협동과정에서 추구하는 융합적 사고를 실천할 수 있었고 앞으로도 도시의 흐름 속에서 건축의 역할을 찾고 건축을 통해 도시를 다시 구성하는 시선을 지속해 나가고자 한다.

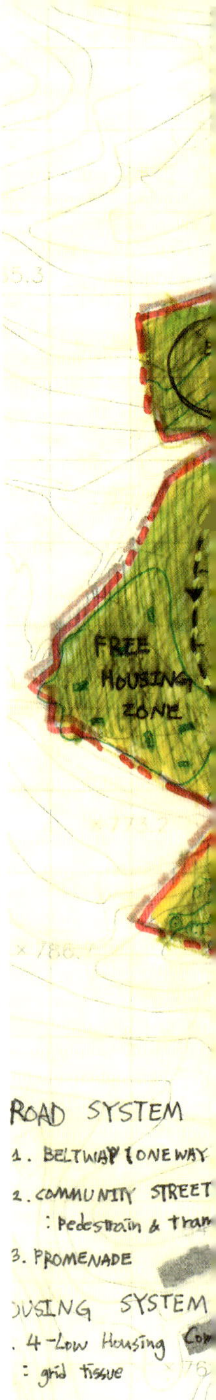

4) 도면 위 스케치

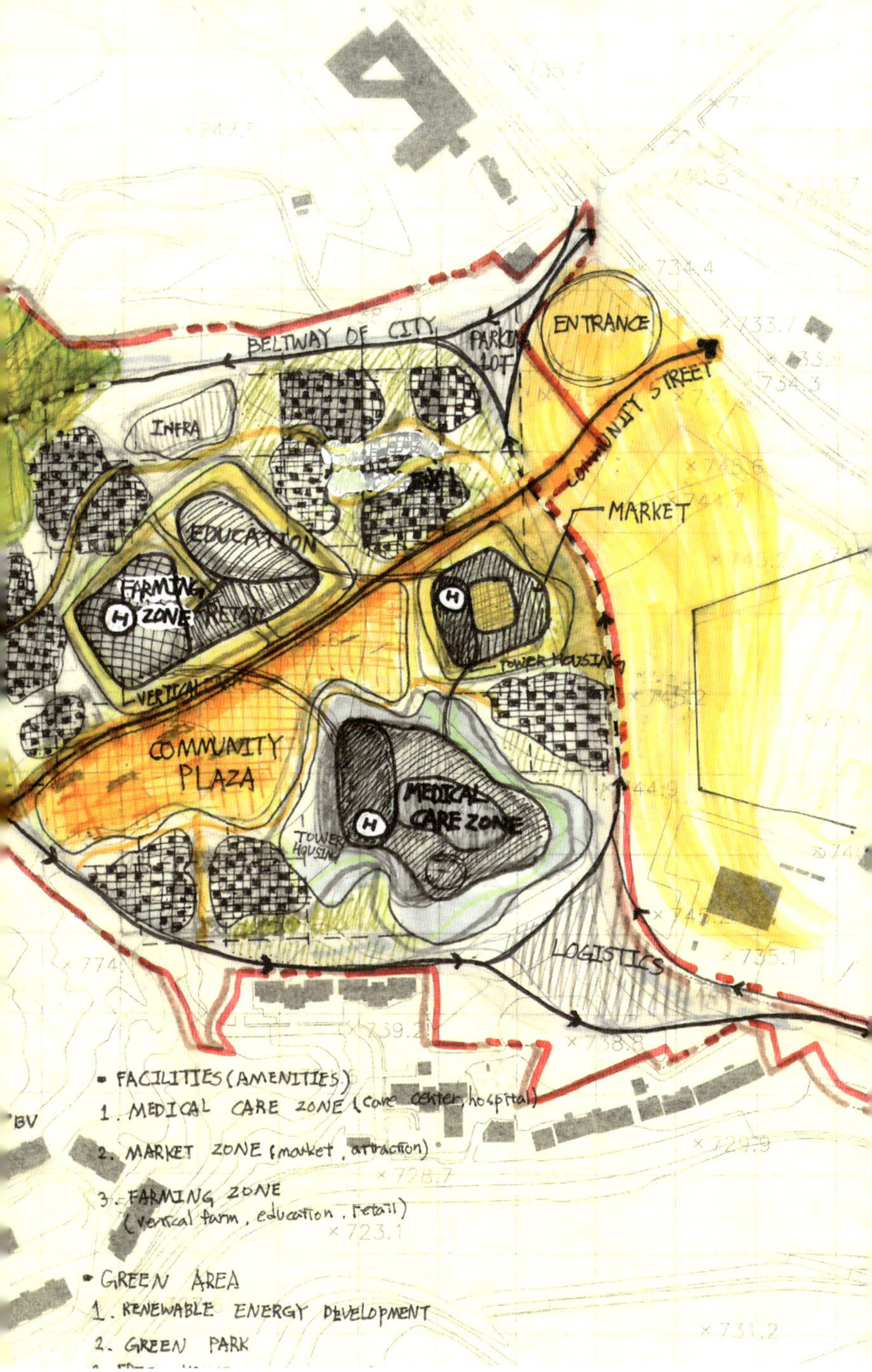
BELTWAY OF CITY
PARKING LOT
ENTRANCE
COMMUNITY STREET
INFRA
EDUCATION
FARMING ZONE
MARKET
TOWER HOUSING
VERTICAL
COMMUNITY PLAZA
MEDICAL CARE ZONE
TOWER HOUSING
LOGISTICS
• FACILITIES (AMENITIES)
1. MEDICAL CARE ZONE (care center, hospital)
2. MARKET ZONE (market, attraction)
3. FARMING ZONE (vertical farm, education, retail)
• GREEN AREA
1. RENEWABLE ENERGY DEVELOPMENT
2. GREEN PARK

1) Photoshop 통한 자료의 중첩

정호 의 꿔말하기

호
대학교
과정 도시설계학 전공
L 연구실

저는 2018년 건축학을 전공으로 학부를 졸업한 이후 약 7년간 건축사사무소에서 실무를 경험했고, 현재는 독립적으로 건축설계사무소를 운영하고 있습니다. 비교적 소규모의 건축물을 설계하며 클라이언트 한 사람, 한 가족의 삶에 밀착하여 공간을 만들었던 경험들은 저에게 매우 '가까운' 일이었습니다. 한편, 도시라는 주제는 언제나 저에게 추상적이고 다소 '멀게' 느껴졌습니다. 건축 실무를 지속하는 동안 "과연 개인 건축물도 공공성을 담을 수 있는가?", "도시에서 건축가의 사회적 역할은 어디까지 확장될 수 있는가?"라는 근본적인 질문이 끊임없이 떠올랐습니다. 이 질문들로 인해 저는 기존의 건축적 시각을 넘어 도시설계라는 보다 넓은 스케일에서 공간을 바라보고자 하였고, 나아가 도시를 배경으로 삼아, 건축가로서 사회와 소통하고 기여할 수 있는 범위가 어디까지인지 탐구해 보고 싶다는 갈증으로 대학원 진학을 결정하였습니다.

대학원에서 도시설계를 배우며 느낀 건축과 도시의 가장 큰 차이점은, 건축은 특정 사용자를 위한 공간을 설계하는 것이라면 도시는 불특정 다수를 위한 환경을 다룬다는 것이었습니다. 기존의 건축 작업에서는 개별 클라이언트의 니즈와 취향을 중심으로 감각적이고 직관적인 설계에 집중했었다면, 도시설계는 훨씬 더 객관적 기준과 체계적인 분석이 필요함을 실감했습니다. QGIS 등 데이터 기반의 도시 분석을 익히면서 교통, 인구, 환경, 토지 이용 등 수치화되는 정보를 공간적으로 해석하는 법을 배웠고, 설계가 감각이나 경험만이 아니라 과학적 분석과 데이터 기반 논리에 의해 더욱 설득력을 얻을 수 있음을 깨달았습니다. 그러

2) Rhinoceros 통한 3D 모델링

나 동시에 단지 정량적 분석만으로도 도시를 온전히 해석할 수 없다는 점을 인식했습니다. 저는 도시를 설계하는 과정에서 정량적으로 파악할 수 있는 데이터만큼, 사이트의 맥락과 거주민의 삶을 이해할 수 있는 정성적인 데이터 역시 중요하다고 생각했습니다. 이러한 인식 아래, 평창군 대관령면의 실질적인 현황을 파악하기 위해 사이트를 답사하고, 군 관계자들과 미팅을 진행했습니다. 현장 조사를 통해 숫자와 통계만으로는 알 수 없는 지역의 현실과 문제를 직접 체감할 수 있었고, 이 과정에서 대관령면이 사람들의 장기 정주에 적합하지 않은 특수한 환경적 조건을 가지고 있음을 알게 되었습니다. 이러한 맥락에서 과연 신도시처럼 균일하게 생산된 도시가 정말로 필요한지, 기존 도시가 갖는 지형적 특성과 지역성이 배제된 채 이루어지는 획일화된 개발이 맞는 접근인지, 근본적인 의문이 들었습니다. 오히려 대관령만의 지형적 기복과 다양한 사회적 이슈가 복합적으로 작동하는 도시적 해석이 필요하다고 느꼈습니다. 이번 도시설계 스튜디오에서 다뤘던 '포스트 올림픽', '시니어를 위한 도시', '스마트 파밍'이라는 세 가지 키워드는 그런 고민의 지점과 맞닿아 있었습니다. 대관령이라는 장소에 남겨진 유휴 인프라, 급격한 고령화, 지역 농업이라는 조건들은 단순히 도시의 기능이나 공간 배치의 수준을 넘어

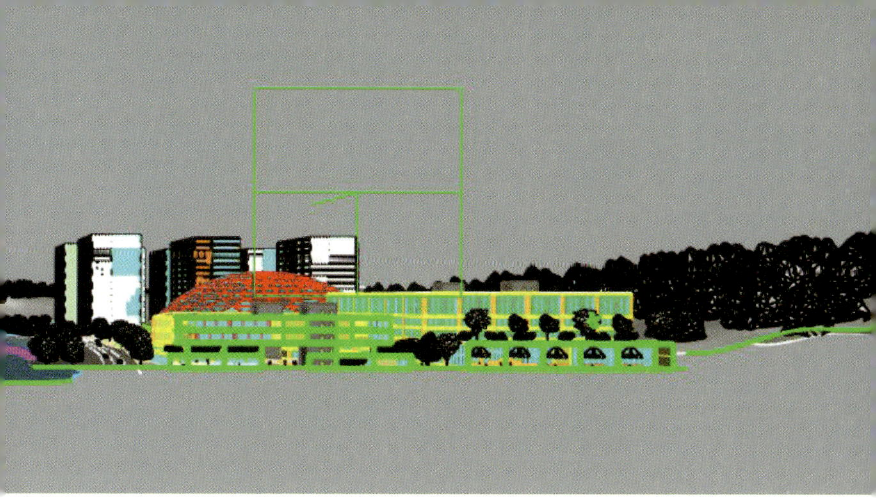

보다 구조적이고 복합적인 도시 전환의 필요성을 보여주었습니다. 저는 이번 스튜디오의 결과물이 단순한 유토피아적 상상에 머무르지 않고, 지형학과 유형학이 결합된 현실적이고 다층적인 도시의 가능성을 찾고자 했습니다. 이를 위해 다양한 사례를 참고했으며, 지형학적 사고를 위해 참조한 안티노리 와이너리(Antinori Winery)는 지형과 건축이 유기적으로 결합할 수 있다는 점에서 인상적인 가능성을 제시했습니다. 경관 속에 자연스럽게 스며든 건축은 기능을 해치지 않으면서도 환경과의 조화를 이루는 방식으로, 제가 구상한 평창의 도시 전략과 유사한 맥락을 공유하고 있었습니다. 또한 도시 유형학적 측면을 고려하기 위해 일본 토요시키다이(Toyoshikidai) 시니어 단지와 다이칸야마 힐사이드테라스(Hillside Terrace)를 주요 사례로 참고했습니다. 토요시키다이는 고령자 친화적 커뮤니티를 중심으로 한 주거 단지의 재구성을 통해, 단순한 물리적 정비를 넘어 사회적 관계망의 회복까지 포함하는 도시적 전환의 가능성을 보여주었습니다. 반면 힐사이드테라스는 중층의 건축물들이 주변 도시 조직과 유기적으로 연결되며, 건축적 스케일에서 도시적 스케일로 확장되는 공간적 연속성과 경계의 흐름을 잘 보여준 사례였습니다. 해외의 다양한 사례를 참조함과 동시에, 올림픽 당시 조성된 평창의 선수

inorin Winery,
hea Associati, 2012
argino, Italy

촌과 돔 등 기존 물리적 인프라의 활용 가능성 역시 면밀히 검토하였습니다. 새로운 개발을 최소화하고, 올림픽으로 인해 발생한 유휴 자원을 최대한 활용하는 방향으로 도시를 계획하고자 했습니다. 도시의 높이에 따라 공간과 기능이 구분되지만, 각 영역이 상호 보완적으로, 유기적으로 연결되어 작동하는 도시가 제가 지향하는 평창군 대관령면에 위치할 새로운 도시의 모습이었습니다.

궁극적으로 이번 도시설계스튜디오를 통해 건축가로서 도시를 바라보는 저의 시각을 한층 확장시키는 계기가 되었을 뿐만 아니라, 도시를 구성하는 다양한 요소들을 통합적으로 이해하고 해석하는 귀중한 경험을 할 수 있었습니다. 이 과정은 제가 앞으로의 설계에서 단순히 형식이나 공간의 완결성에 머무르지 않고, 사회성과 공공성을 끊임없이 고민하며 자신만의 언어와 방법론을 만들어 나가는 데 있어 중요한 토대가 되었다고 생각합니다. 나아가, 도시라는 거대한 틀 안에서 도시와 건축의 관계를 새롭게 재구성하고, 복합적인 현실에 능동적으로 대응할 수 있는 설계적 태도를 형성하는 데 중요한 출발점이 되었습니다.

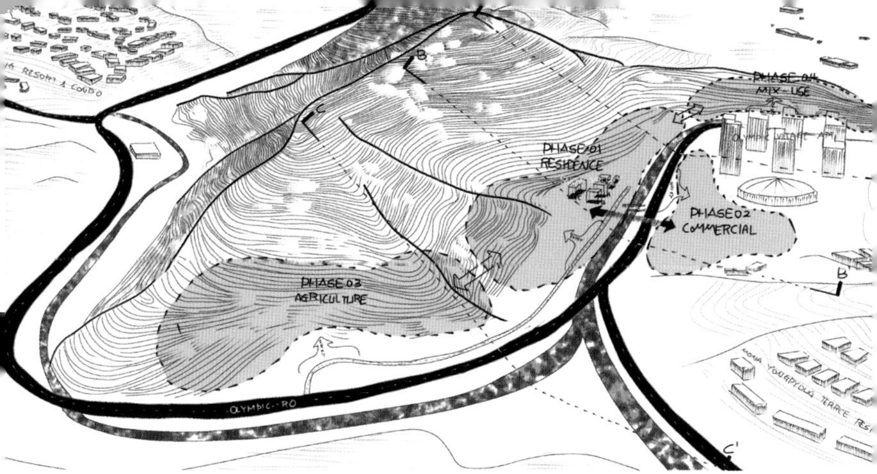

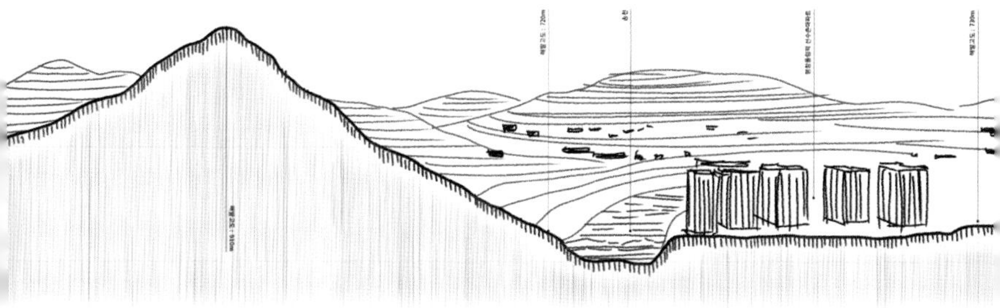

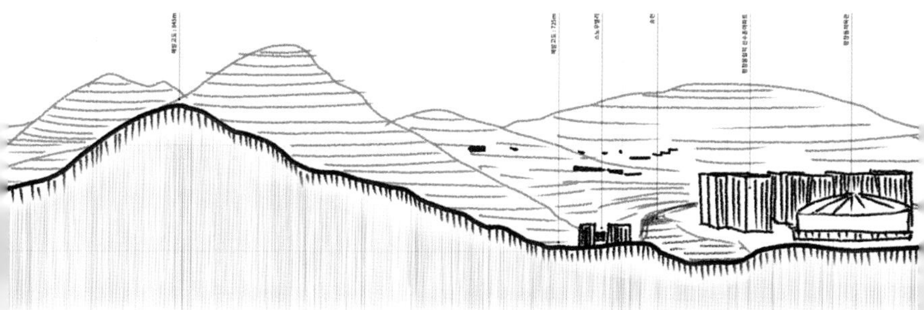

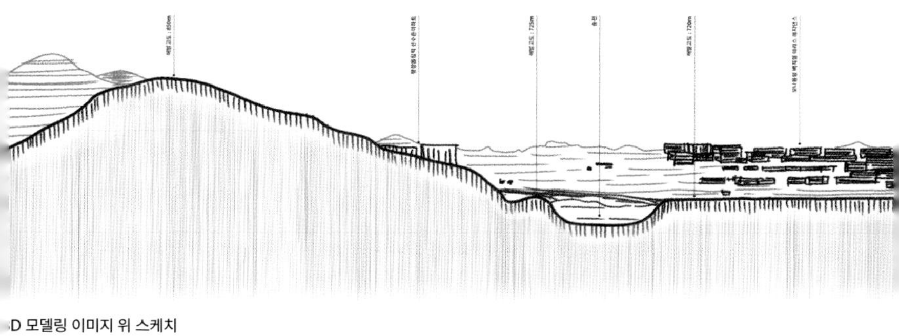

D 모델링 이미지 위 스케치

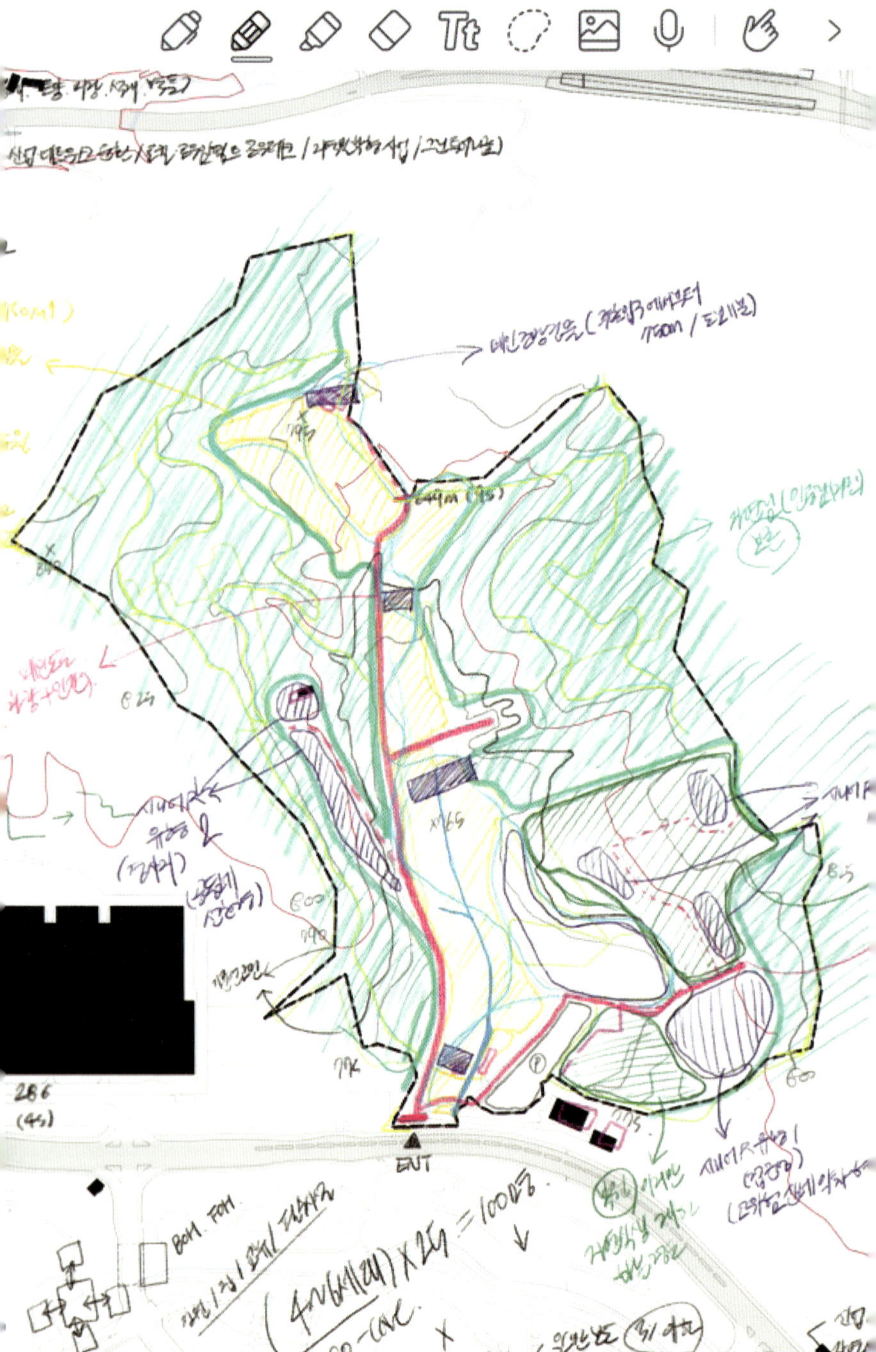

1) Procreate 통한 아이디에이션 작업 및 스케치

시연의
꿔말하기

연
대학교
대학원 환경설계학과
L 연구실

학부에서 조경을 전공하며 저는 주로 생태적 균형과 경관 회복에 초점을 두고 설계를 해왔습니다. 사람의 생활 동선이나 공간 이용도 함께 고려했지만, 주요 관심은 늘 식생, 수리 체계, 토양 구조 등 생태 요소에 맞춰져 있었습니다. 특히 주거 환경이나 단지 내부의 조경처럼 사람의 일상과 가까운 공간을 깊이 있게 설계한 경험은 적었습니다. 따라서 도시라는 단어 역시 명확한 설계 대상이라기보다는 다소 개념적이고 포괄적인 영역으로 다가왔습니다.

도시설계스튜디오1에서 진행한 평창 대관령면의 시니어 커뮤니티 프로젝트는 이러한 제 생각을 변화시키는 계기가 되었습니다. 지역 고유의 생태와 지형적 특성을 고려하면서, 동시에 시니어의 생활 양식과 사회적 참여를 지지할 수 있는 도시적 구조를 고민해야 했습니다. 저희 팀은 이 지역에 생태와 산업이 순환하는 지속가능한 에이징시티(Aging City)를 비전으로 설정하고, 이를 실현하기 위해 시니어를 단순한 돌봄의 대상이 아닌 능동적이고 자율적인 생활 주체로 바라보았습니다. 이는 기존의 생태 중심 설계에서 벗어나, 사람의 삶과 사회적 관계를 설계에 포함시키는 전환이었습니다.

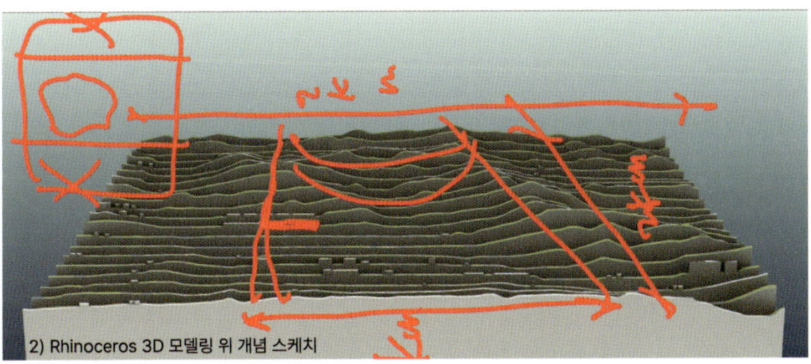

2) Rhinoceros 3D 모델링 위 개념 스케치

이 과정에서 도시 설계는 단순히 물리적 공간을 구성하는 것을 넘어, 실제 사람들의 삶의 방식과 지역 자원을 연결하여 공간의 역할을 정의하는 일임을 인식하게 되었습니다. 생태적 지표나 공간의 물리적 구성만으로는 충분하지 않고, 실제 사람들이 그 공간을 어떻게 살고, 어떤 형태로 관계를 맺는지를 함께 고려해야 설계가 현실적으로 작동한다는 점을 실감했습니다. 특히 시니어의 일상 행위와 지역 자원을 연결해 프로그램을 구상하고, 그것이 공간 구조와 동선에 반영하며, 제가 그동안 조경 설계에서 다뤄오던 자연 중심의 사고를 사람과 생활 중심으로 확장할 수 있었습니다.

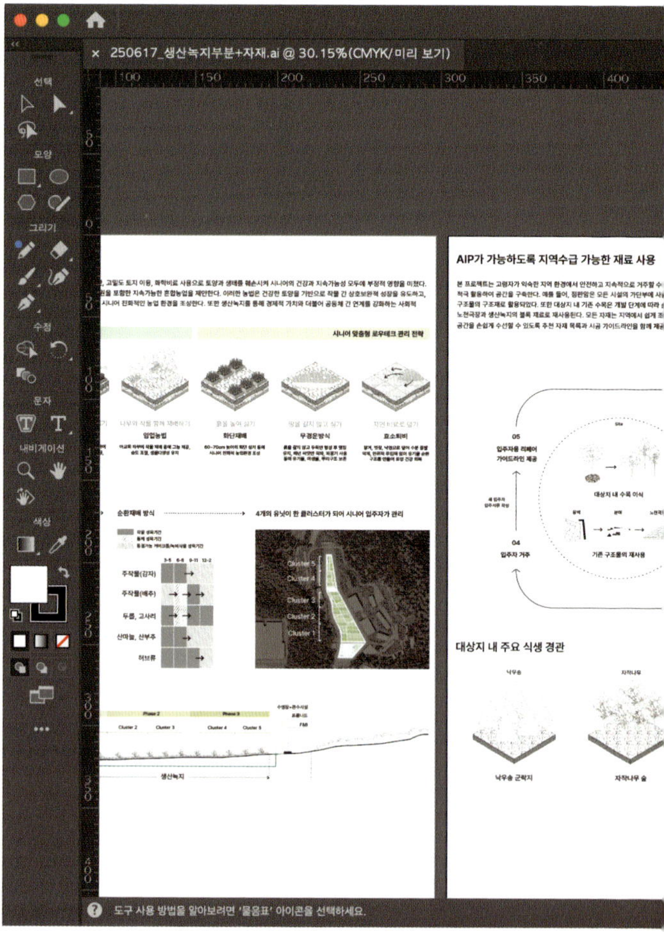

이번 스튜디오는 저에게 도시를 바라보는 관점과 접근 방식을 구체화하는 계기였습니다. 단지 넓은 규모나 복잡한 시스템이 아니라, 생태와 사람, 지역성과 삶의 양식이 겹쳐지는 지점을 구체적으로 설계하는 일이 도시를 다루는 일이라는 것을 경험했습니다. 앞으로도 저는 조경과 도시 설계가 만나는 지점에서, 생태적 관점과 사람의 삶을 함께 고려하는 설계를 통해 도시를 구성하는 방식을 확장해가고자 합니다.

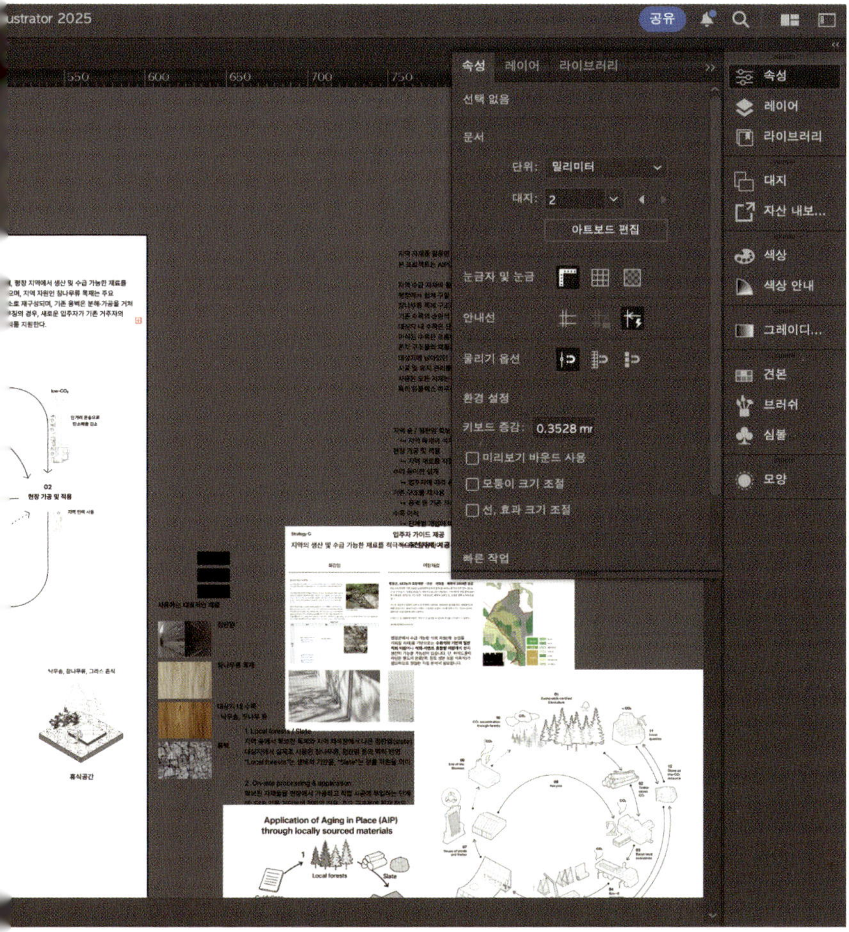

1) QGIS 통한 자료의 분포 및 경향성 분석

이영준의
건축에서 도시로, 시야의 전환

이영준
서울대학교
석사과정 도시설계학 전공

건축학과 재학 시절, 나는 지속가능성과 사회문제 해결에 대한 관심을 바탕으로 건축 설계를 진행해왔다. 그러나 점차 복합적인 도시 문제를 단일 건축물 단위에서 해결하기에는 한계가 있다는 인식을 갖게 되었고, 보다 넓은 스케일에서 구조적 해법을 탐색하고자 도시설계 분야로 진로를 확장하게 되었다. 이번 대학원 스튜디오를 통해, 도시라는 물리적·사회적 시스템을 분석하고 계획하는 작업이 내 관심사와 어떻게 맞닿아 있는지를 보다 구체적으로 체감할 수 있었다.

이번 프로젝트는 드론(UAM)을 매개로 의료 그리고 미래 도시의 물류 및 교통 흐름을 재구성하는 방향성으로 나아갔다. 학부 시절에도 드론을 주제로 다룬 경험이 있었으나, 당시에는 기술 자체의 활용성에 집중했다면 이번에는 도시 구조와 맥락 속에서 드론의 운용 가능성을 검토하고, 그것이 도시공간과 어떤 상호작용을 형성할 수 있을지에 초점을 맞췄다. 이를 위해 정량적 데이터 기반 분석, 인프라 시뮬레이션, 시나리오별 흐름 도식화 등 다양한 방식를 활용하였으며, 도시설계가 단순한 형태 생성이 아닌 복합적 조건들을 조율하는 과정임을 실감할 수 있었다.

작업의 스케일이 건축보다 훨씬 크고 복잡했기 때문에 설계 도면의 처리 방식에서도 많은 고민이 필요했다. Rhino 및 GIS 등 다양한 툴을 병행 활용하며, 이전까지 사용하지 않았던 Xref나 Mesh 최적화 기능 등을 익히게 되었고, 파일 용량을 효율적으로 관리하는 법도 새롭게 배울 수 있었다. 이러한 기술적 학습 또한 본 프로젝트의 중요한 성과 중 하나였다.

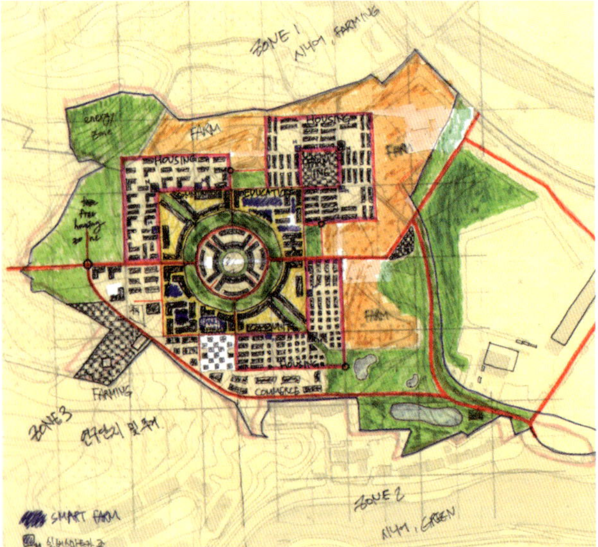

3) 도면 위 스케치

설계적 관점에서 가장 인상 깊었던 경험은 일본 현장답사를 통해 얻은 시니어타운 관련 사례 분석이다. 한국의 경우, 시니어 하우징이 외부와 물리적으로 분리된 그들만의 단지 중심의 계획 형태를 띠는 경우가 많다. 반면 일본에서 관찰한 시니어타운은 경계가 뚜렷하지 않고, 도로 체계가 자연스럽게 진입·이탈하는 구조로 이루어져 있었다. 출입구가 하나로 통제되는 것이 아니라, 외부 흐름과 단절 없이 연결되며 주민뿐 아니라 외부인도 자유롭게 이동 가능한 '열린 마을' 형태를 띠고 있었다. 이는 그들만의 '단지' 중심이 아닌 '타운' 혹은 '빌리지' 느낌이 들어 가장 인상이 깊었다. 이러한 인식 전환은 곧바로 프로젝트 설계에 반영되었다. 사이트 외부의 도로체계를 연장하여 내부를 관통하도록 계획했고, 시니어 보행자의 안전을 고려해 원형 간선도로와 로터리를 도입하여 차량의 속도 저감을 유도하였다. 이를 통해 단절이 아닌 흐름, 폐쇄가 아닌 개방의 도시 구조를 구현하고자 하였다. 결과적으로, 프로젝트의 전체적인 계획 방향이 이러한 흐름 중심 설계 개념 위에 구축되었으며, 개인적으로도 설계적 만족도가 높았던 작업이었다.

존의 맥락을 복잡함으로 치부
는 것이 아니라 열린 가능성으
해석하고 그 위에 새로운 기능
시설들로 구성된 마을

이번 스튜디오는 도시를 다룬다는 것이 단지 건축설계 방식에서 스케일의 확장이 아니라, 문제 인식과 해법의 구조적 전환임을 체감하게 해준 계기였다. 도시설계는 데이터와 분석, 물리적 계획뿐만 아니라 다양한 사회적 주체의 흐름을 조율하는 작업이었다. 프로젝트를 통해 배운 기술적 경험은 물론이고, 도시공간에 대한 인식과 시각이 한층 넓어졌다고 느낀다. 앞으로의 설계에서도 이러한 경험을 기반으로 한층 더 구조적이고 사회적인 시야를 갖춘 도시계획을 이어가고자 한다.

1) Rendering 통한 개념 시각화

곽민준의
현실이라는 도구로 생각하기

곽민준
…대학교
…과정 도시설계학 전공
…공간연구실

이미지는 너무 쉽게 만들어지고 대량복제되며 모든 일들은 자본주의에서 상업적인 압력의 시대에 살고 있다. 이러한 시기에 학교에서 무엇을 배워야하고 학생으로서 얻어갈 것은 무엇일까에 대해 생각해보는 계기가 되는 학기였다. 다른 학생들과 마찬가지로 건축학과를 졸업하고 실무를 겪으며 일종의 갈증과 같은 사고의 확장 혹은 미지의 영역에 대한 호기심으로 대학원을 진학했다. 이러한 결정 이전에 건축학과에서 공부를 하든, 건축설계사에서 설계라는 업무를 하든 다양한 주체들의 필요에 의한 공간을 생각하고 그것들을 도면, 다이어그램, 텍스트, CGI, 영상, 모형 등 매체를 가리지 않고 교수, 동료 혹은 건축주에게 잘 전달하는 것이 나의 주요한 역할이자 도전이었다. 조금 더 시간을 돌려보면 소위 건축학인증(한국건축학교육인증)을 통해 보편적이고 건축 설계 산업에서 작동하는 한 사람으로 배우며 익혔다. 건축학인증은 '건축 설계의 전문 지식과 건축 산업구조의 이해를 바탕으로…'라는 문구를 시작으로 그 취지와 목표를 설명하는 제도이다. 균형잡인 교육의 제도와 산업의 일원으로서 기능하기 위해 요구되는 최소의 조건을 갖췄다. 그리고 취업을 하고 업무의 경험을 쌓아 설계라는 업무를 하고 있었다. 그런데 학교를 다시 돌아가 무언가를 배운다면 나는 무엇을 배워야할까?

이러한 질문에 수업의 과정을 따라가보며 무엇을 배워야하는지 복기해봤다. QGIS와 같은 도시를 정량적으로 분석하고 이해하는 경험으로 사고를 확장해야하는가? 아니면 고령화 시대에 대한 여러 관련 논문을 읽고 지식의 습득이 목적인가? 지식의 연구 및 생산하는 석사, 박사, 교수님과의 현장 답사 후 다양한 토론을 통해 현실을 이해하는 틀을 구축해야하는가? 그것도 아니라면 건축보다 큰 스케일이라고 불리는 도시에 대해 계획하고 구체화하는 경험을 해야하는가? 이러한 모든 가설들이 무엇을 배워야하는지에 대한 적확한 답이 되지는 않았다. 그럼에도 이 과정에서 항상 붙들고 있는 것이 있었다. '현실'이라는 것이다. 학생 프로젝트 심지어 학교에서 수행하는 프로젝트는 현실과의 괴리를 비판하는 사람들도 다수 있다. 그리고 학생으로서 Visionary Project 측면의 고민과 생각을 하는 것이 더 의미있지 않느냐는 생각을 가진 사람들도 자주 마주하곤 한다. 학교 수업으로써 '현실'에 대한 것이 무슨 의미일지 의문, 의심이 많을 수 밖에 없으리라 생각한다.

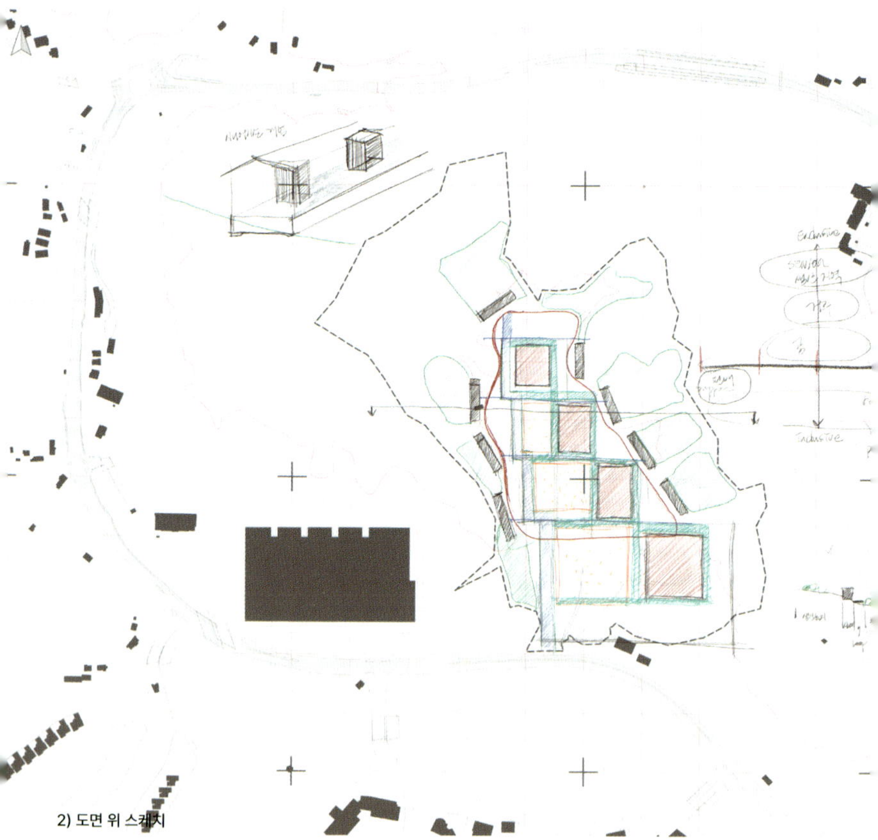

2) 도면 위 스케치

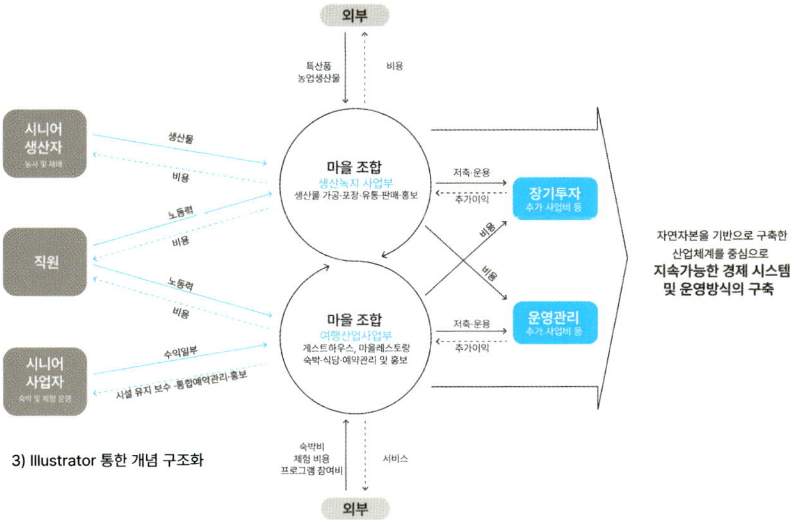

3) Illustrator 통한 개념 구조화

'현실'은 도구로써 수업에서 제 역할을 한다. 현실을 기반으로 학생들이 각자 생각과 입장을 정리하고 나름의 질문을 만들어낸다. 그리고 질문에 대해 현실적인 제약 속에서 최적, 최유효의 소결 같은 답안을 구체화해본다. 이 과정에서 '현실'은 그 자체의 의미와 함께 다양한 가능성을 촉발하는 도구가 된다. 학교 수업으로써, 도시설계 스튜디오 수업으로써 '현실'이 어떤 역할을 하는지, 수업의 과정에서 어떻게 작동하는지 설명해보고자 한다. 우선 대상지의 선정에 있어 '평창'이라는 현실의 장소를 택했다. 현실의 장소를 택했다는 것은 어떤 측면에서는 많은 것을 어렵게 한다. 물론 유연한 사고와 새로운 실험이 주를 이루겠지만 법적인 테두리 안에서, 지역의 역사, 맥락 속에서 할 수 있는 것들 추려나가는 과정을 겪는다. 이곳에서도 현실은 이상적인 아이디어를 현실의 무언가로 구체화하는 도구가 된다. QGIS를 통해 지역의 정량적 분석을 하는 것 또한 같다. 다양한 현실의 지리 정보를 살펴보고 정보간의 경향성, 관계성을 재구성하여 각자의 질문을 만들어낸다. 이 과정에서도 '현실'의 정보는 사고를 끌어내는 도구가 된다. 답사를 통해 토

론하는 것 또한 '현실'의 다른 장소를 매개로 서로의 생각을 공유하고 토론함으로써 지식의 공유, 순환이 생산된다. 구체화의 과정에서 도면, CGI 또한 '현실'의 영향 안에 있다. 학생들의 계획에 대해 'Convincing, Affordable, 합리적' 등의 단어를 붙이시는 교수님들이 있다. 누구도 견적을 내거나 예산을 구체화하지 않는다. 그럼에도 저런 단어들로 수식하는 것은 '현실'의 다양한 사례를 조사하고 어렴풋하게나마 유사한 재료, 규모, 형태를 통해 있을 수 있겠다라는 공감대를 쌓았음이 그 이유라고 생각한다.

도시설계 스튜디오 수업에서 '현실'은 절대적인 제약은 아니나 사고를 촉발하는 주요한 도구이자 수단이다. 다시 돌아와서 '현실'을 도구로 생각하는 도시설계 스튜디오에서 학생은 무엇을 배워야할까? 건축학인증을 통해 건축 설계의 전문 지식과 건축 산업 구조의 이해를 주요하게 습득했다고 생각한다. 대학원 다학제 과정에서 도시설계를 배운다는 것은 지금의 시대를 살아가면서 경험한 것, 일상과 사건들에 대한 다양한 생각들, 사회적, 정치적 문제들에 대한 입장을 정리하고 발전할 수 있는 가능성을 담은 질문을 만들어내고 이에 대해 사회적 여러 요소와 관계 속에서 시대에 필요한 삶의 방식을 고민하고 제안하는 경험이라고 생각한다. 내가 배워야할 것, 배운 것은 기술로써 도시설계가 아니라 질문하고 삶의 방식을 어떻게 물리적인 형태, 혹은 무언가로 바꿔말할 수 있는가이다. 시대의 필요한 삶과 사회적 구조, 주체들의 작동 방식에 대해 '현실'을 닮은 도시라는 체계로 설명할 수 있는지에 대해 배우는 수업이었다.

4) QGIS 통한 자료의 중첩

도시로 말하는 첫 마디

임저스틴
이주현+이영준
곽민준+박시연
심준형+소정호

평창을 다시 상상하기

Active Aging, 스마트 농업, 그리고 지속가능한 지역 전략을 위한 도시설계 스튜디오

임저스틴

도시를 설계한다는 것은 언제나 첫 마디를 건네는 일이다. 그 첫 마디는 건축적 언어일 수도, 사회적 맥락이나 정책적 조건, 혹은 생태적 균형의 목소리일 수도 있다. 따라서 도시를 말한다는 것은 단순한 형태의 조합이 아니라, 사회가 직면한 근본적인 문제를 공간의 언어로 번역하는 과정이다.

오늘 우리가 직면한 가장 절실한 질문은 고령화다. 세계에서 가장 빠른 속도로 진행되는 인구 구조 변화는 단순히 복지의 영역을 넘어, 삶의 조건과 도시의 형식을 다시 묻는다. 농촌과 소도시는 이미 초고령 사회로 진입했고, 대도시 역시 곧 이 흐름을 피할 수 없게 될 것이다. 그렇다면 도시는 어떤 첫 마디를 내뱉어야 하는가?

스튜디오는 이에 대한 답을 찾기 위해 시니어 프로그램을 구상해 왔다. 이는 곧 노년의 삶을 어떤 시선으로 바라볼 것인가에 대한 사회적 선택을 포함한다. 'Active Aging'은 건강·참여·안전을 최적화하여 노년기의

삶의 질을 높이는 접근이며, 'Productive Aging'은 노인을 돌봄의 대상에 머무르게 하지 않고 노동·자원봉사·평생학습 등을 통해 사회적 기여자로 재정의한다. 두 관점은 공통적으로 노인을 보호의 대상이 아니라 공동체의 자산이자 동력으로 포용할 수 있는 길을 제시한다.

2018년 동계올림픽 개최지였던 평창은 세계적 인프라를 갖추었지만, 동시에 인구 감소와 경제 침체라는 모순을 안고 있었다. 올림픽이 끝난 뒤 남겨진 시설과 기반은 점차 노후화되며 방치되었고, 새로운 쓰임을 기다리고 있었다. 우리는 이 조건을 고령화라는 시대적 맥락과 연결하

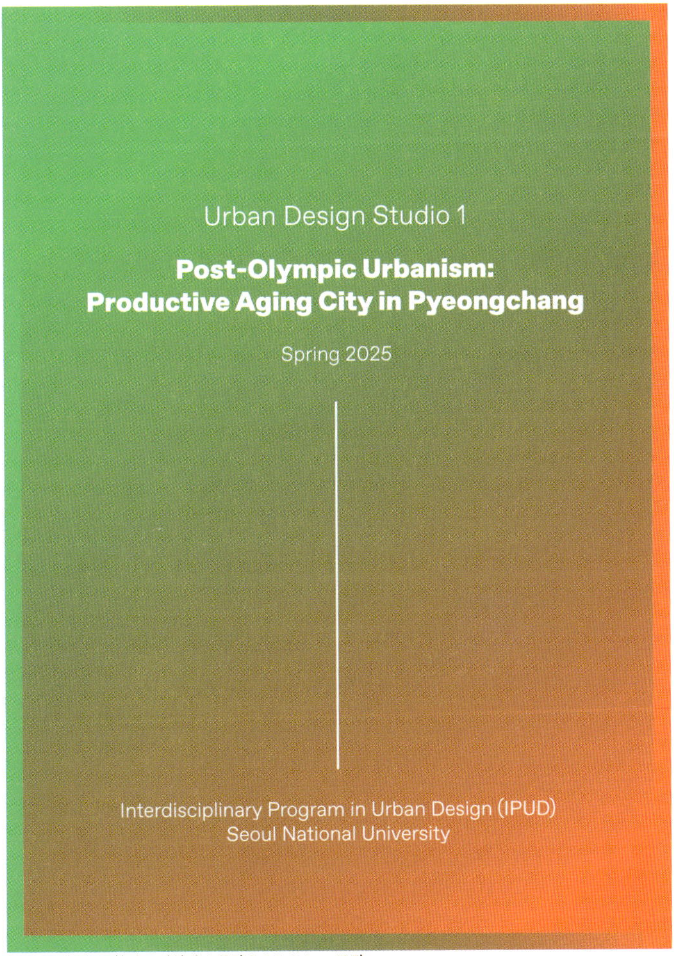

1) 2025학년도 1학기 도시설계 스튜디오 1 Syllabus 표지

며, 새로운 도시적 상상력을 모색했다. 스튜디오는 이 지점에서 '더 루프(The Loop)'라는 개념을 구상했다. 보행 친화적 순환 체계, 연령 통합형 주거, 의료·웰빙 시설, 생태관광과 문화 프로그램을 결합해, 노인이 돌봄의 수혜자가 아니라 지역과 세계를 잇는 교류의 주체가 될 수 있는 모델을 실험했다.

평창은 또 풍부한 바람 자원을 비롯해 재생 가능 에너지를 활용할 잠재력을 지니고 있었다. 우리는 풍력과 태양광을 중심으로 스마트 농업과 시니어 주거 단지를 결합하는 방안을 탐구했다. 이를 통해 지역의 지속가능성과 생활 기반의 안정, 그리고 세대 간 협력의 가능성을 그려 보았다. 노인의 전통적 농업 지혜와 청년의 첨단 기술이 만나면서, 공동체가 학습과 생산, 돌봄과 경제가 얽힌 생태적 플랫폼으로 전환될 수 있음을 확인했다. 농업은 단순한 산업이 아니라 교육·문화·지속가능성을 매개하는 도시적 실천으로 확장될 수 있었다.

시니어 프로그램은 문화와 지역 정체성을 새롭게 매개하는 방식도 실험했다. 평창의 자연과 문화 자산을 바탕으로 평생교육, 세대 간 교류, 지

2) 평창 답사 현장 사진

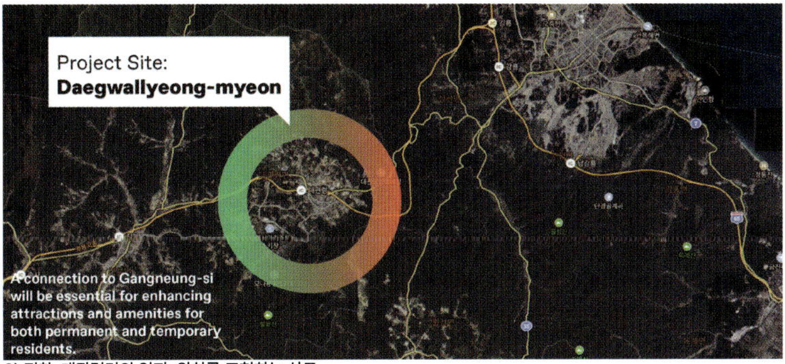

3) 평창, 대관령면의 입지, 위치를 표현하는 삽도

역 축제를 결합하면서, 계절 의존적 관광을 넘어서는 지속가능한 모델을 상상했다. 관광객을 소비자가 아니라 참여자로, 주민을 단순한 호스트가 아니라 문화를 만들어가는 동반자로 전환하는 가능성을 탐구했고 그 과정에서 노인은 배우고 가르치며 공동체적 주체로 다시 설 수 있었다.

스튜디오는 단순한 설계 훈련을 넘어 사회학적 이론과 도시설계 실천을 융합하려 했다. 고령화와 환경, 사회적 공간의 관계를 분석하며, 학생들은 비판적 관점을 기르고 실행 가능한 전략을 모색했다. 특히 평창군청과의 협력은 추상적 논의를 실제 정책 맥락 속에서 시험해 볼 수 있는 기회를 제공했다. 도시설계 교육은 이처럼 현장과 학문, 사회와 제도를 넘나드는 실천적 탐구로 확장되었다.

스튜디오는 다섯 단계의 과제를 통해 학습 과정을 설계했다. 첫째, QGIS를 활용해 물리적·환경적·사회적 조건을 종합 분석하는 사이트 답사와 분석. 둘째, 이를 지도화하여 토지 이용·교통·인구 분포를 드러내는 사이트 매핑. 셋째, 세계 각국의 혁신적 프로젝트를 비판적으로 검토하는 사례 연구. 넷째, 중간 리뷰를 통해 초기 전략을 제안하고 피드백을 반영하는 과정. 마지막으로 최종 리뷰와 전시였다. 이 다섯 단계는 학생들이 도시라는 언어로 사회적 질문을 던지고, 그 응답을 공간으로 풀어내는 실천의 과정이 되었다.

궁극적으로 시니어 프로그램은 도시가 고령화 시대를 어떻게 맞이할 것인가에 대한 하나의 발화였다. 평창의 사례는 고령화가 위기가 아니라

가능성의 원천이 될 수 있음을 보여주었다. 노인은 지혜와 경험, 활력과 창의성을 제공하는 자원으로 다시 인식되었고, 주거 단지는 공동체의 플랫폼으로, 스마트 농업은 세대를 잇는 언어로, 문화와 공동체는 지속가능한 정체성을 구축하는 기반으로 제시되었다.

도시로 말하는 첫 마디는 바로 여기서 시작되었다. 그것은 고령화를 문제로만 바라보는 시각을 넘어, 도시와 사회가 함께 성장하는 새로운 문법을 열어가는 과정이었다. 시니어 프로그램은 그 문법의 첫 줄이자, 우리가 미래 도시를 어떻게 상상하고 실천할 것인가에 대한 응답으로 자리했다.

4) Team 이주현+이영준 중간발표

5) Team 곽민준+박시연 중간발표

6) Team 심준형+소정호 중간발표

Medisphere

평창 올림픽 인프라를 활용한 미래형 고령친화 헬스케어 도시 모델

Team 이주현+이영준

인구데이터 분석 결과, 평창군 대관령면은 인구 밀집도가 높을수록 노인 비중이 높은 특성을 보인다. 이는 젊은 세대의 유출로 인해 고령 인구가 지역사회의 중심을 이루고 있음을 시사한다.

그러나 지역 내 의료 인프라는 이에 비해 현저히 부족한 상태다. 대관령면에는 의료시설이 3곳에 불과하며, 주요 상급병원인 강릉아산병원과 원주세브란스병원까지의 차량 이송 시간은 골든타임(1시간)을 초과한다. 닥터헬기의 경우 전국 7대로, 강원도 전역을 단 1대로 커버하고 있어 응급 대응 체계도 취약하다.

이에 본 프로젝트는 고령화와 인구소멸을 '지역 의료 취약성'이라는 문제로 설정하고, 기술과 이동성을 기반으로 한 구조적 해법인 'Medisphere(메디스피어)'를 제안한다.

메디스피어는 UAM 스테이션과 그린 모빌리티 허브를 기반으로 하는 시니어 통합 건강·의료센터로, 응급의료뿐 아니라 농산물 물류, 관광 이동 등 다양한 분야와의 통합을 통해 지역 생활 전반에 걸친 서비스 개선을 지향한다.

평창 동계올림픽을 계기로 구축된 5G 인프라를 활용해, 지역 농산물 물류, 응급의료 이송, 관광 이동을 연결하는 하늘길 네트워크를 설계하였다. 메디스피어는 평창군 내 주요 의료 거점으로 기능하며, 강릉 및 원주와의 연계를 통해 외부 의료체계와도 긴밀히 협조할 수 있는 구조를 갖춘다.

도시 구조는 '의료 코어'를 중심으로 시니어의 삶, 이동, 돌봄이 순환하는 방식으로 설계된다. UAM 기반의 타워형 허브는 시니어의 이동 반경을 확장시키며, 집중화된 헬스케어 서비스를 제공한다. 특히 관광·레저 활동 중 발생하는 응급상황에 효과적으로 대응함으로써, 지역 내 안전망으로도 기능한다.
메디스피어는 건강과 기술이 교차하는 지점에서 고령자의 삶의 질을 높이고, 의료 시스템의 공간적 혁신을 실현하는 통합형 미래 도시 모델로, 고령사회에 대응하는 공간 전략이 될 것으로 기대한다.

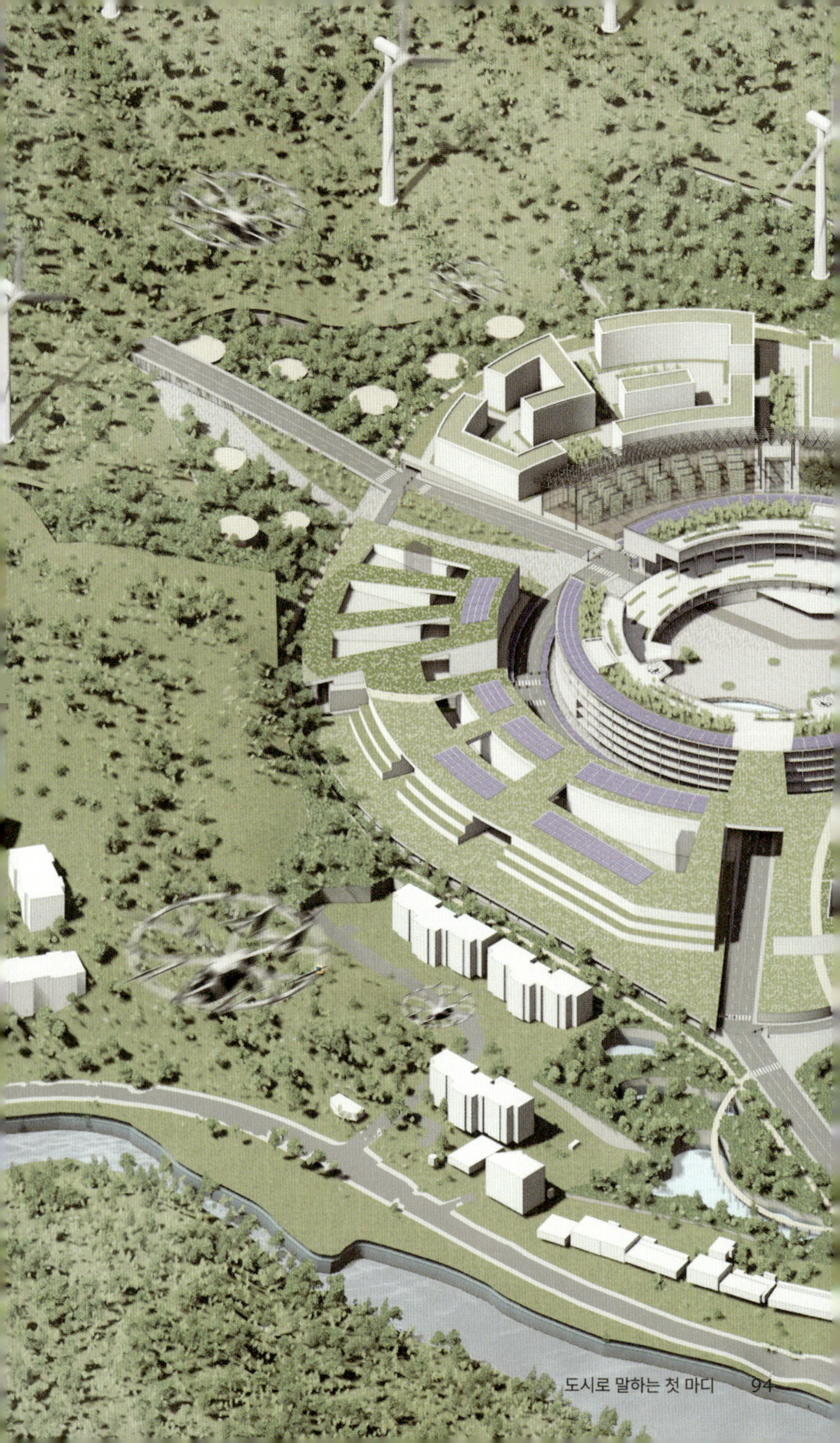

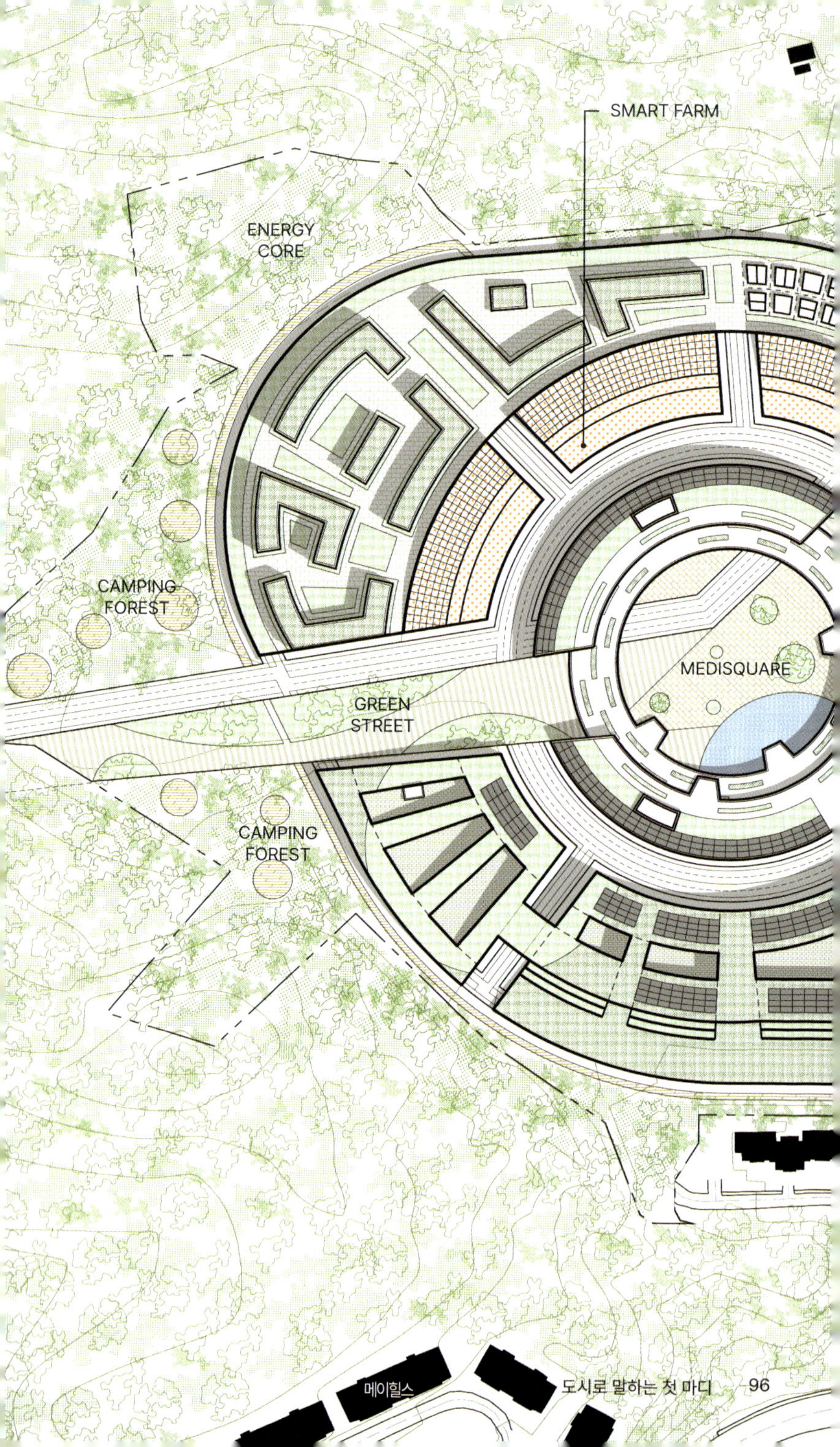
SMART FARM
ENERGY
CORE
CAMPING
FOREST
MEDISQUARE
GREEN
STREET
CAMPING
FOREST
메이힐스

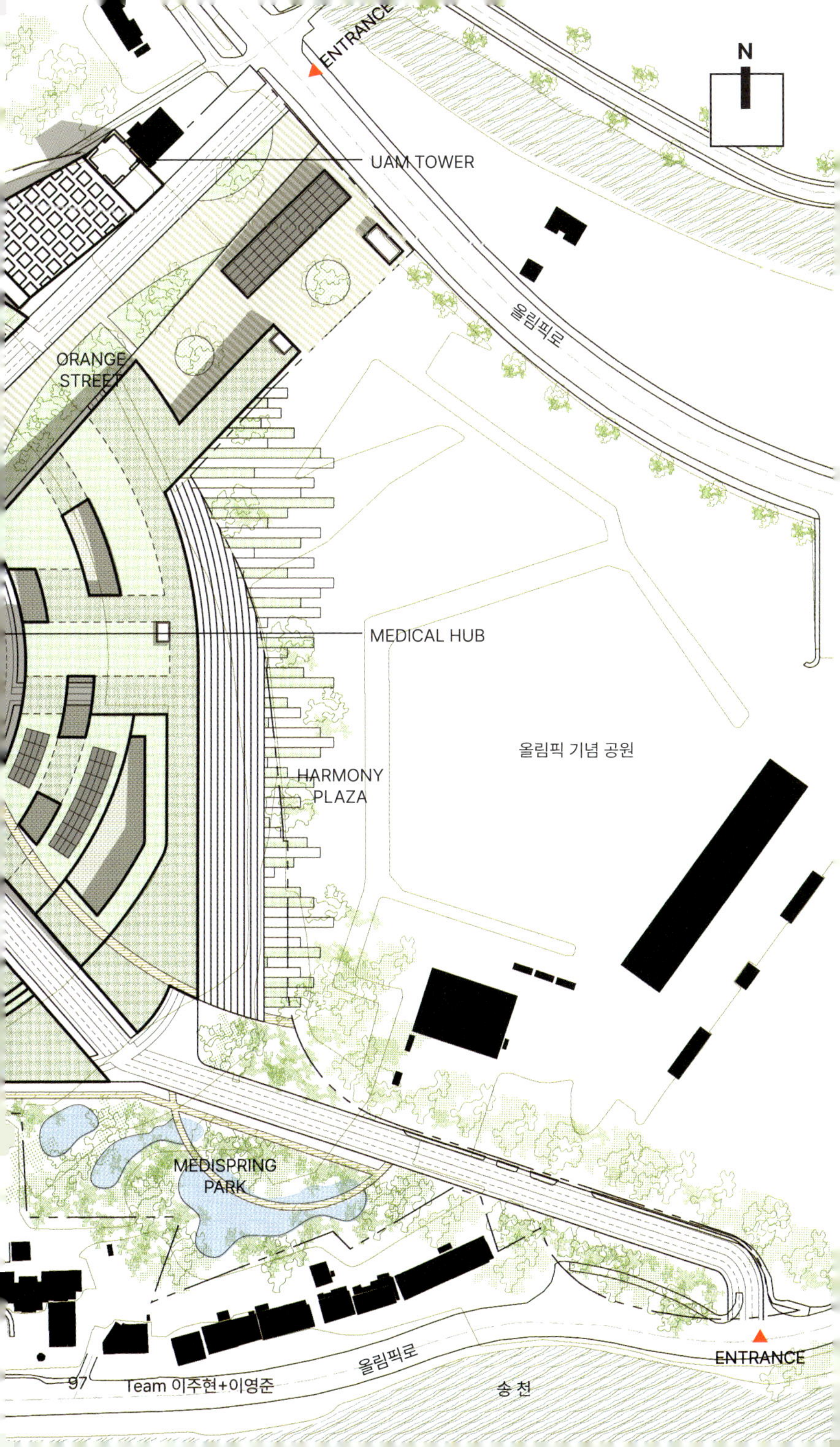
N
ENTRANCE
UAM TOWER
올림픽로
ORANGE
STREET
MEDICAL HUB
올림픽 기념 공원
HARMONY
PLAZA
MEDISPRING
PARK
ENTRANCE
올림픽로
송 천

Team 이주현+이영준

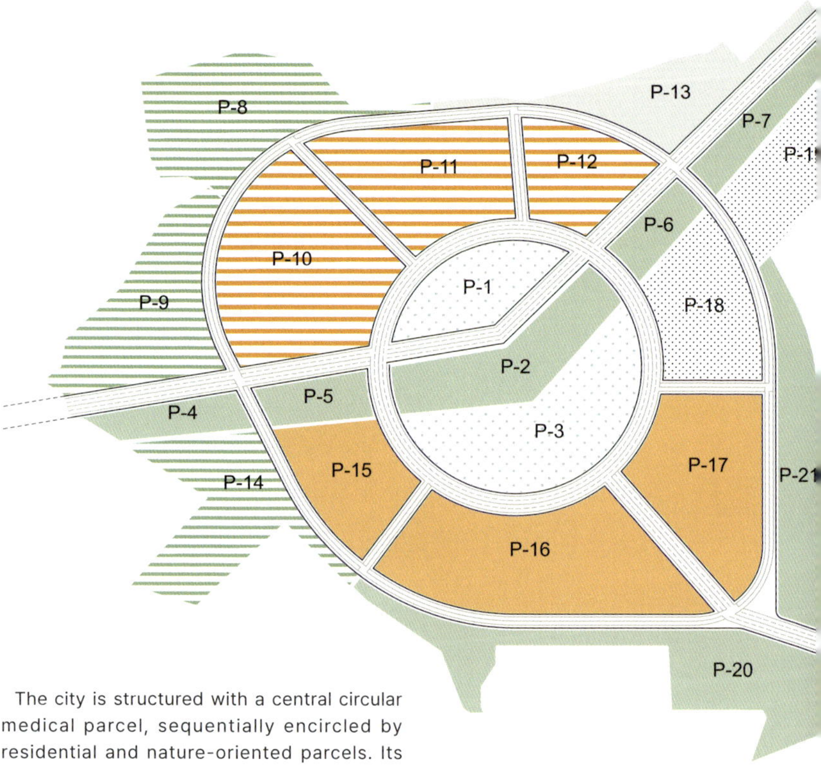

The city is structured with a central circular medical parcel, sequentially encircled by residential and nature-oriented parcels. Its road system consists of a central ring road and a peripheral circulation route, with multiple segments placed underground to ensure a pedestrian-friendly environment.

RESIDENTIAL FARMING MEDICAL COMMERC

[GREEN]

Green urban living through nature preservation and ecological restoration.

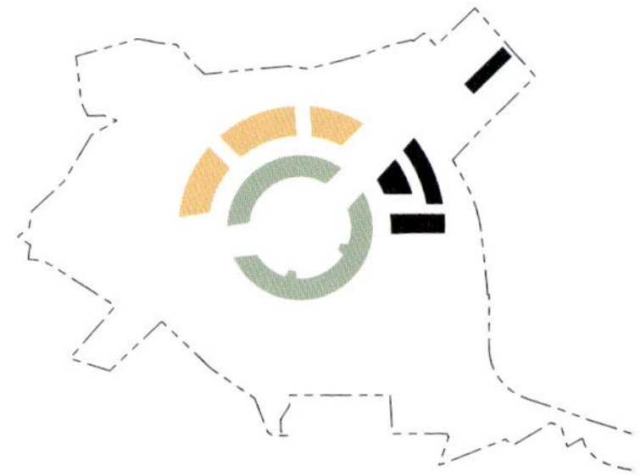

[PRODUCTIVE]

Retirees remain active together through farming, care and community commerce.

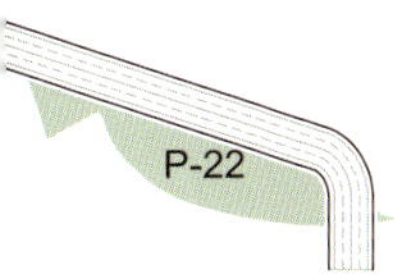

ROTECTED UAM DELIVERY

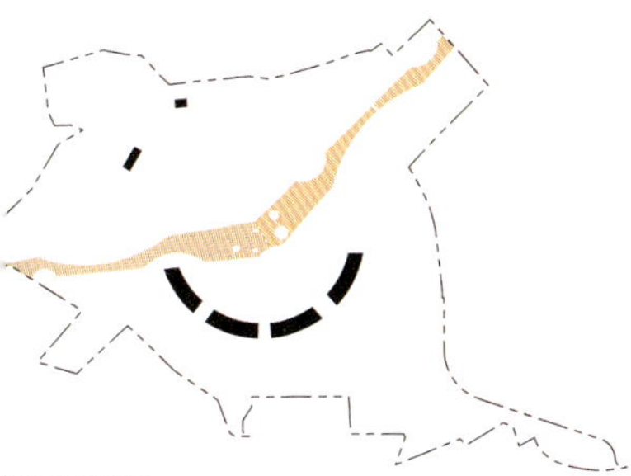

)MMUNITY]

entral community axis enhances senior mobility and agement

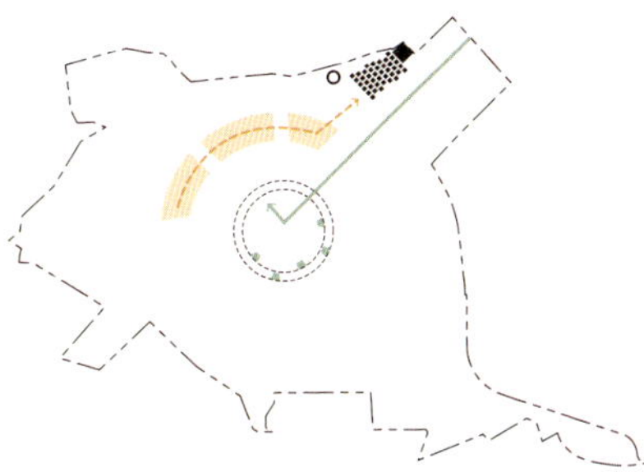

[UAM]

A multi-layered mobility enabling medical transport and agricultural distribution.

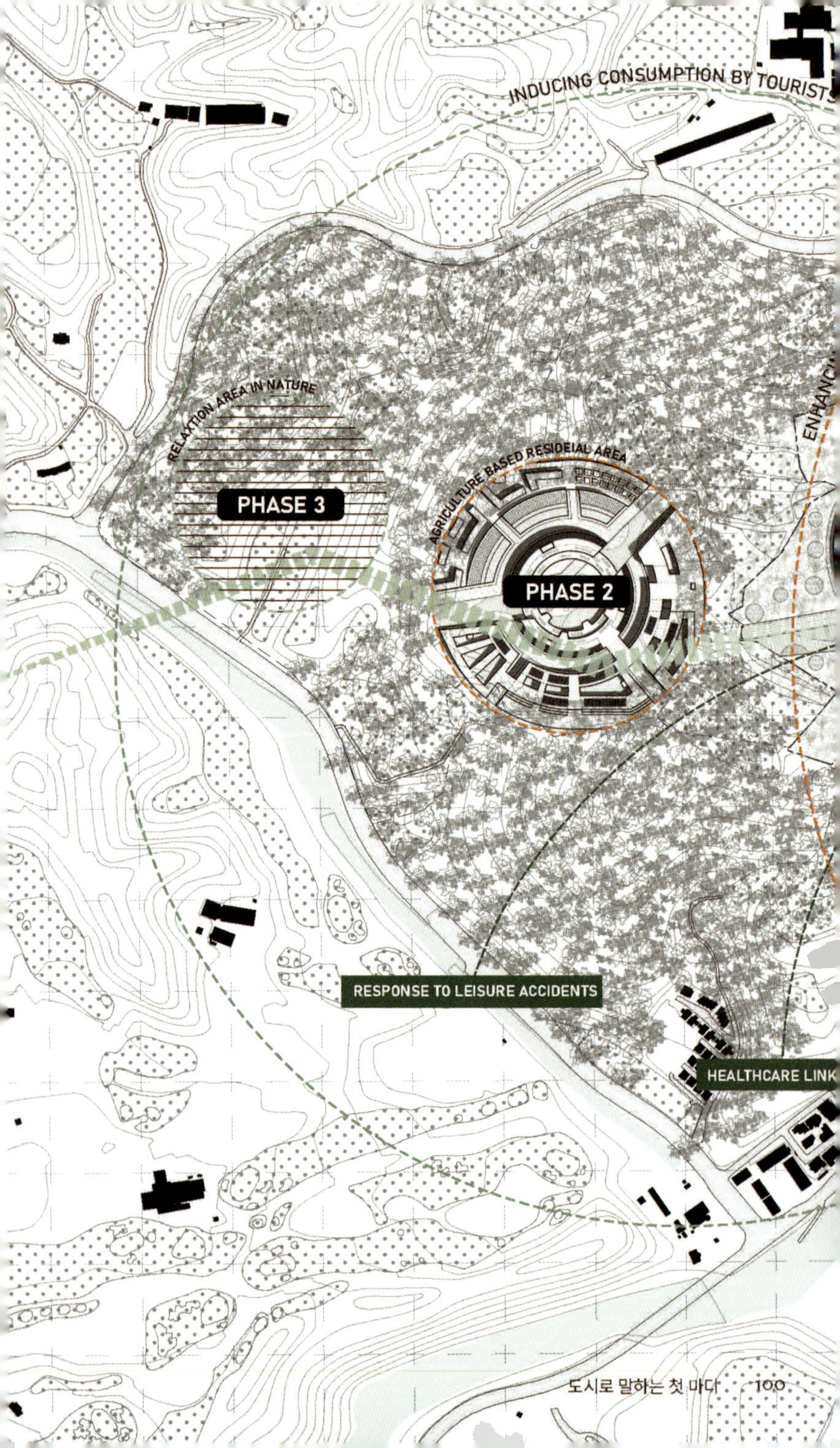
INDUCING CONSUMPTION BY TOURISTS
RELAXTION AREA IN NATURE
PHASE 3
AGRICULTURE BASED RESIDEIAL AREA
PHASE 2
RESPONSE TO LEISURE ACCIDENTS
HEALTHCARE LINK

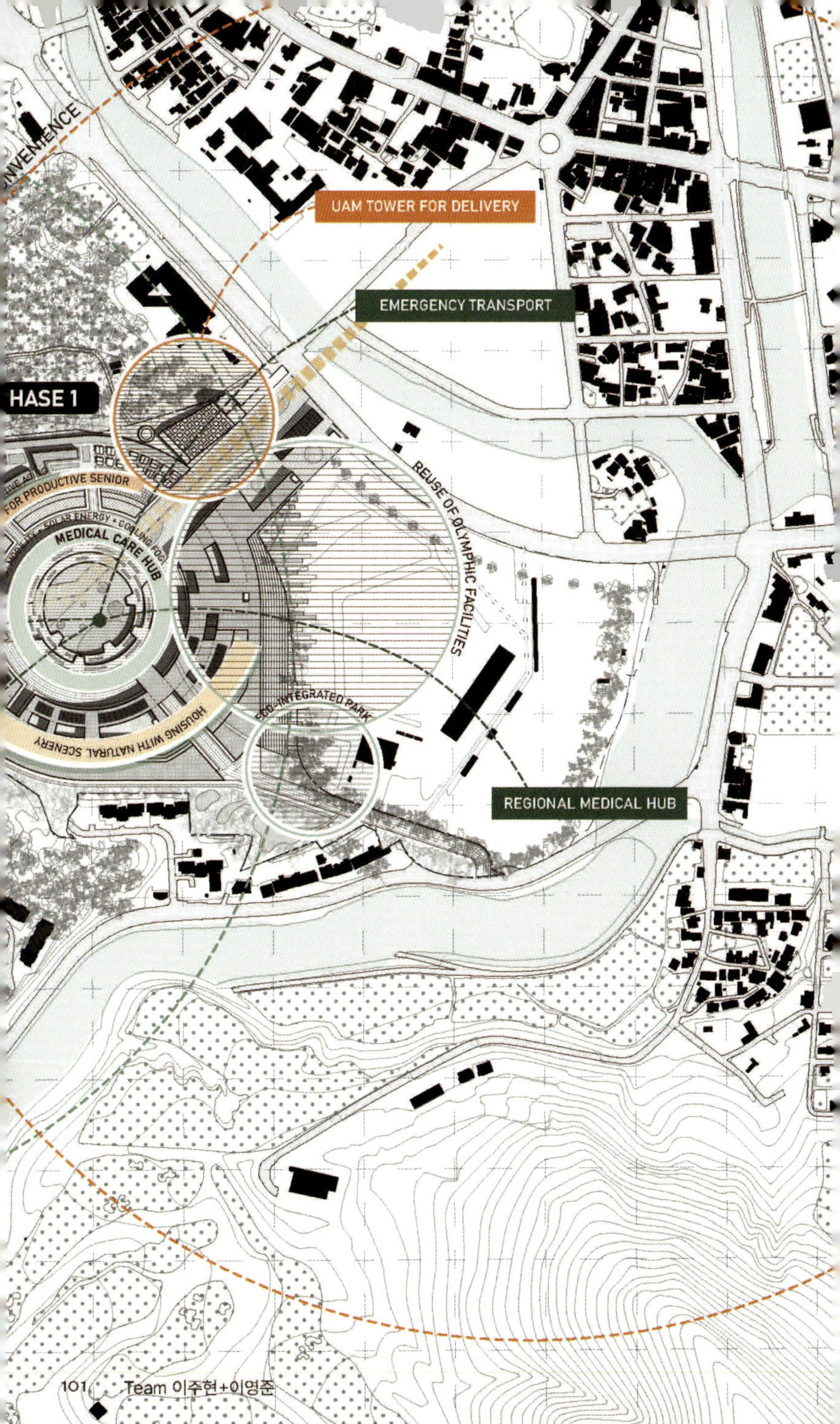

UAM TOWER FOR DELIVERY
EMERGENCY TRANSPORT
HASE 1
FOR PRODUCTIVE SENIOR
MEDICAL CARE HUB
REUSE OF OLYMPHIC FACILITIES
HOUSING WITH NATURAL SCENERY
ECO-INTEGRATED PARK
REGIONAL MEDICAL HUB

에너지가 순환하는 자연친화 도시

태양광과 풍력으로 에너지를 자립 생산하고, 옥상 녹화와 수공간 조성 등 에너지를 절약하는 친환경 계획으로 도시의 에너지가 순환하는 체계를 갖는다. 스마트 벨트로드의 보행로 상부에는 태양광과 쿨링포그가 결합된 구조물이 설치되어 미세먼지 및 열 저감 효과로 쾌적한 보행환경을 형성한다. 또한, 자연친화적인 공간은 캠핑 등 자연체험 공간을 제공한다.

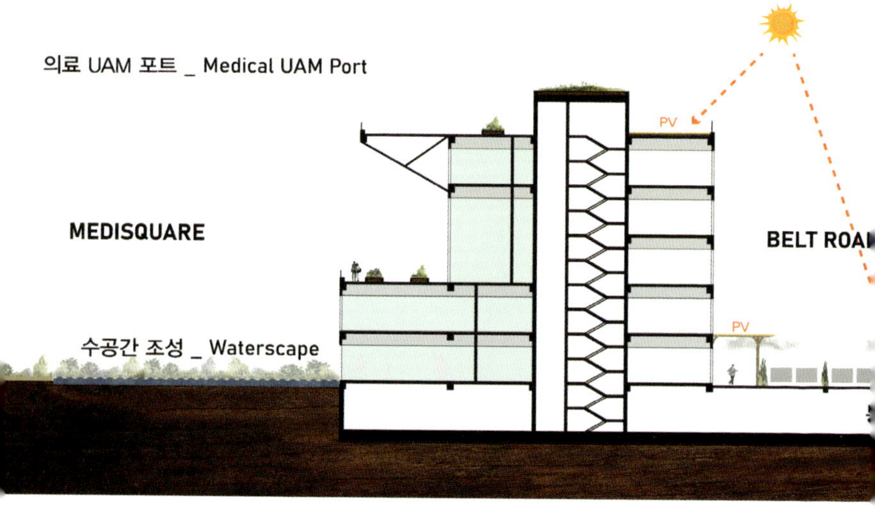

지하수위를 적용한 습지 공원

이 구역은 지하수위 상승을 활용해 자연적인 저류지를 형성하고, 이를 통해 수생 서식지를 조성하며 계절성 홍수를 조절하는 인공 습지 공원이다. 보행로와 식생 완충지대는 생태와 여가를 조화롭게 결합하여, 시니어와 방문객 모두에게 접근 가능하고 회복력 있는 녹색 공간을 제공한다.

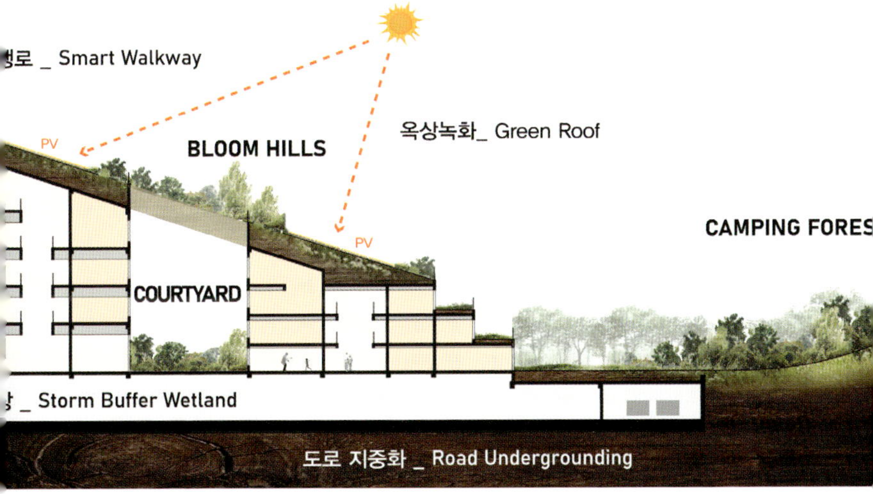
로 _ Smart Walkway
PV
BLOOM HILLS
옥상녹화_ Green Roof
PV
CAMPING FORES
COURTYARD
_ Storm Buffer Wetland
도로 지중화 _ Road Undergrounding

RK
생태환경 조성 _ Eco Habitat

Growing Along The Line

선을 따라 자라나는 시니어 단지의 생산적 AIP 실험

Team 곽민준+박시연

선을 따라 자라나는 시니어들의 생산적 AIP에 대한 도시적 실험

본 프로젝트의 비전은 수도권도, 평창 대관령면 시내도 아닌 이 고유한 경계 지대에서, 생태와 산업이 순환하는 지속가능한 에이징시티(Aging City)를 지역 고유의 자원으로 구축하는 것이다. 이러한 목표를 달성하기 위해, 먼저 '시니어'에 대한 관점을 새롭게 정의하고자 했다. 시니어를 단순히 돌봄의 대상으로 보는 것이 아니라, 주도적이고 능동적인 Active-Aging의 주체로 인식하고, 그들의 삶의 양식을 뒷받침할 수 있는 적절한 공간적 조건을 마련하고자 했다.

그렇다면, 시니어의 삶의 양식은 무엇이며, 그들이 만들어가는 사회는 어떤 모습일까? 이에 대한 질문에 시니어의 사회란 시니어만의 고립된 공동체가 아니라, 자연자본(natural capital)을 바탕으로 지속가능한 사회적 참여가 가능하며,편안한 AIP(Aging in Place)가 실현되는 사회로 상정했다. 이러한 사회와 도시를 실현하기 위해, 지역의 재료, 기술, 그리고 공동체의 지혜를 적극 활용하여, 현지에 뿌리내리는 자립적이고 회복력 있는 모델을 제안한다.

생태와 경제가 순환하는 열린 체계

이 프로젝트는 황무지에 가까운 대상지에 사람들이 자리를 잡고 자연과 함께 살아가기 위한 하나의 방식으로, 생태다양성을 전제로 한 자연자본 기반 산업 체계를 구축하는 것을 목표로 한다. '기획–생산–가공–유통–판매' 전 과정을 지역 안에서 순환시킬 수 있도록 계획하여, 시니어들이 주체적으로 산업에 참여할 수 있도록 한다. 이를 통해 상품사슬을 압축하고, 생태와 산업이 공존하는 구조 안에서 능동적이고 활동적인 시니어 라이프스타일을 실현하고자 한다.

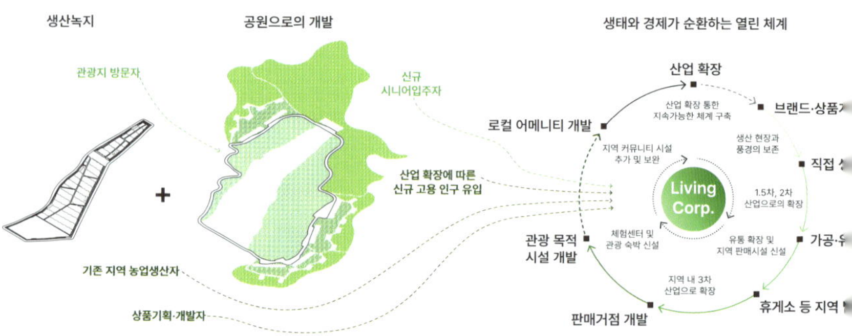

프롬나드를 따라 생겨나는 시설들

프롬나드는 단순한 동선이 아닌, 주거·생산·자연·공공 공간을 유기적으로 연결하는 중심축이다. 이 축을 따라 다양한 시설이 층위별로 배치되어, 공공성과 사적 경계 사이에 새로운 공유의 질서를 형성한다.

기존 산림 수목 이식 및 정착 전략

기존 수목은 3년간의 생육을 거친 후, 수종별 특성을 고려해 프롬나드 중심의 주요 경관요소로 이식된다. 뿌리보전형 이식법을 적용하여 활착률을 높이고, 자연스러운 경관 흐름을 유도한다. 동시에 식재지 조건을 정밀하게 분석하고, 식재 후 관리 시스템을 계획하여 생태적 지속성을 확보한다.

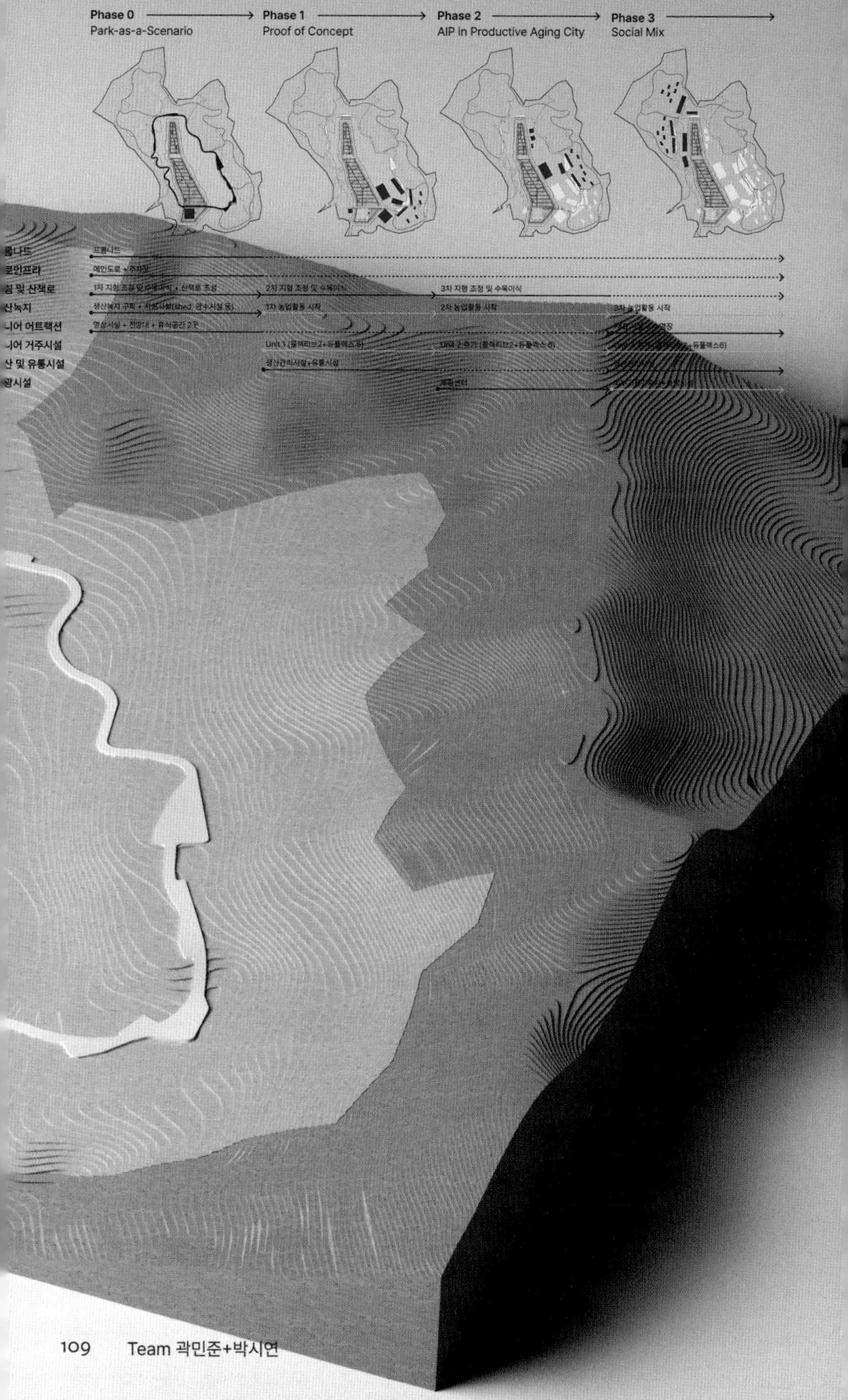

Phase 0
Park-as-a-Scenario
Phase 1
Proof of Concept
Phase 2
AIP in Productive Aging City
Phase 3
Social Mix
산녹지
니어 어트랙션
니어 거주시설
산 및 유통시설
광시설
프롬나드
2차 지형 조정 및 수목이식
3차 지형 조정 및 수목이식
1차 농업활동 시작
2차 농업활동 시작
3차 농업활동 시작
생산관리시설+유통시설

0. 프롬나드

시니어 주거시설
1. Collective Senior Housing
2. Duplex Senior Housing

시니어 생활지원시설
3. 시니어 통합 커뮤니티 시설
4. 체육관
5. 노인회관
6. 요양시설

생산관련 시설
7. 생산관리 사무실 및 생활 SOC
8. 유통시설
9. 생산관리 사무실 및 숙박사업 조합 사무실
10. 생산녹지 외부 근무자 숙소

관광 및 체험시설
11. 방문자 센터
12. 생산 녹지 및 산림 체험센터
13. 특산물 F&B플래그십 스토어
14. 파노라믹 수영장
15. 숙박시설
16. 숙박시설 별채

교통 인프라 및 공원 시설
17. 주차 스테이션 및 입체광장(장애인 엘리베이터)
18. 전망대
19. 공원 휴게시설
20. 옹벽 재활용 랜드스케이프 시설
21. 생산녹지 SHED

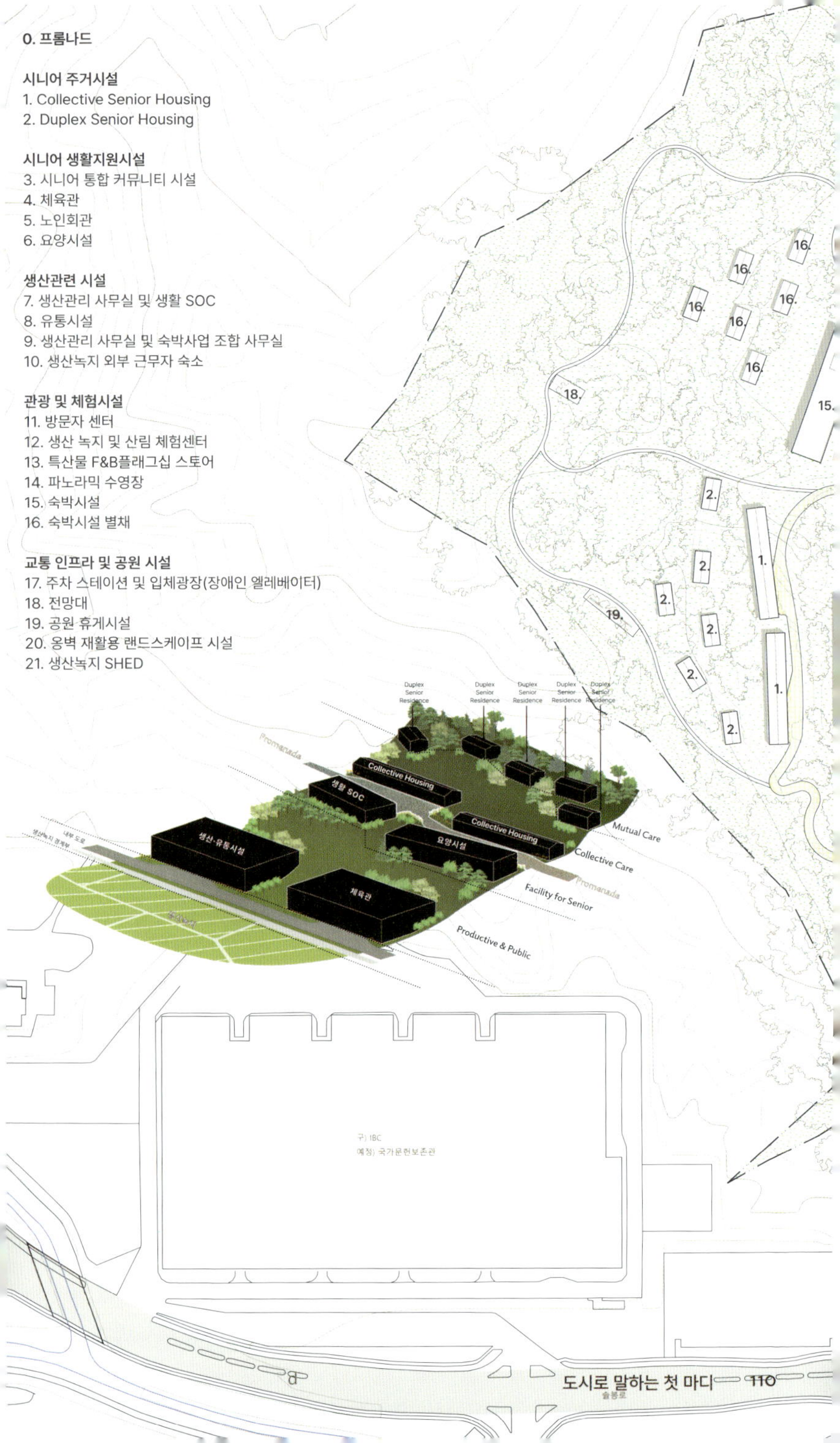

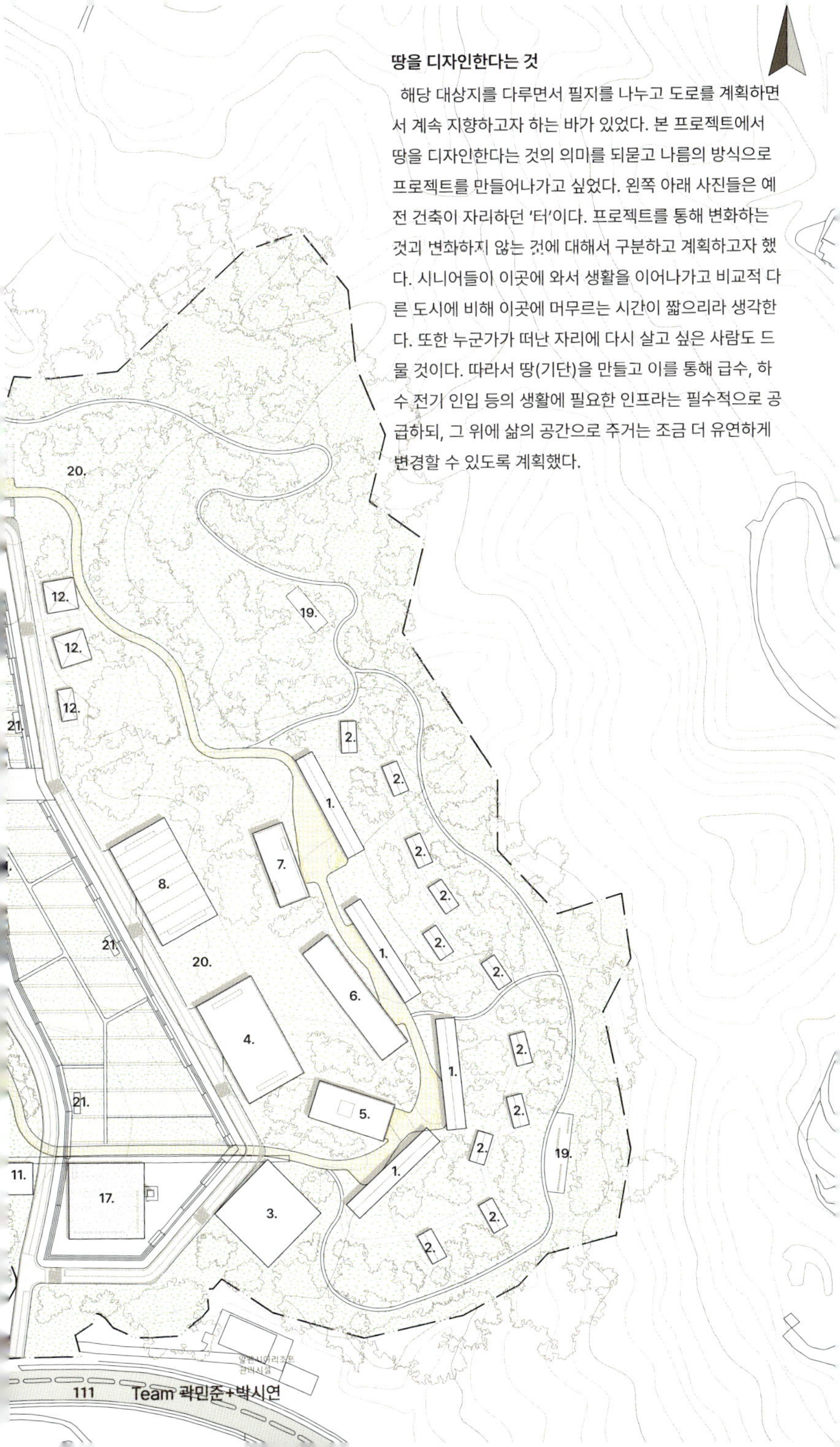

땅을 디자인한다는 것

해당 대상지를 다루면서 필지를 나누고 도로를 계획하면서 계속 지향하고자 하는 바가 있었다. 본 프로젝트에서 땅을 디자인한다는 것의 의미를 되묻고 나름의 방식으로 프로젝트를 만들어나가고 싶었다. 왼쪽 아래 사진들은 예전 건축이 자리하던 '터'이다. 프로젝트를 통해 변화하는 것과 변화하지 않는 것에 대해서 구분하고 계획하고자 했다. 시니어들이 이곳에 와서 생활을 이어나가고 비교적 다른 도시에 비해 이곳에 머무르는 시간이 짧으리라 생각한다. 또한 누군가가 떠난 자리에 다시 살고 싶은 사람도 드물 것이다. 따라서 땅(기단)을 만들고 이를 통해 급수, 하수 전기 인입 등의 생활에 필요한 인프라는 필수적으로 공급하되, 그 위에 삶의 공간으로 주거는 조금 더 유연하게 변경할 수 있도록 계획했다.

자원과 경제 순환의 시작, 지역 재료의 수급과 활용

본 프로젝트는 고령자가 익숙한 지역 환경에서 안전하고 지속적으로 거주할 수 있는 Aging in Place(AIP) 개념을 구현하기 위해, 평창 지역에서 생산 및 수급 가능한 재료를 적극 활용하여 공간을 구축한다. 예를 들어, 점판암은 모든 시설의 가단부에 사용되었고, 특히 F&B 건물에 집중적으로 적용되었으며, 지역 자원인 참나무류 목재는 주요 구조물의 구조재로 활용되었다. 또한 대상지 내 기존 수목은 개발 단계에 따라 순차적으로 이식되어 프롬나드 오솔길 등 경관 요소로 재구성되며, 기존 옹벽은 분해·가공을 거쳐 노천극장과 생산녹지의 블록 재료로 재사용된다. 모든 자재는 지역에서 쉽게 조달 가능한 방식으로 구성되며, 특히 듀플렉스 하우징의 경우, 새로운 입주자가 기존 거주자의 공간을 손쉽게 수선할 수 있도록 추천 자재 목록과 시공 가이드라인을 함께 제공함으로써, 고령자의 생활 지속성과 주거 유지 관리를 지원한다.

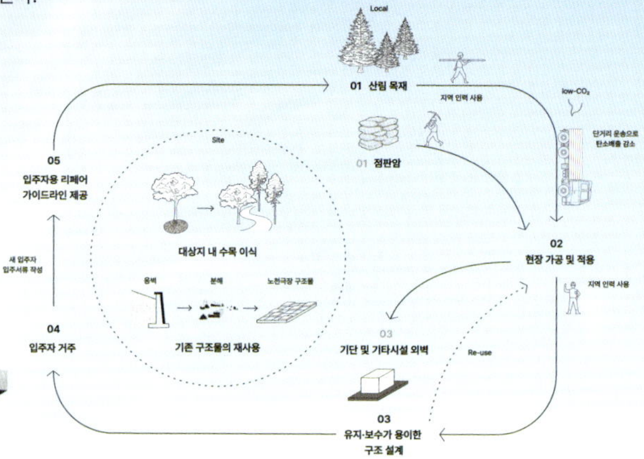

상호 돌봄을 전제로 생산적이고 활동적인 시니어 라이프스타일

앞서 본 시니어들이 주체적으로 참여할 산업 구조는 단순한 노동 중심이 아닌, 일상적 참여가 가능한 느슨한 산업 참여 모델로 설정되며, 시니어들이 노화의 단계에 따라 자연스럽게 다양한 역할을 수행할 수 있도록 유연한 구조를 갖춘다. 이에 따라 본 프로젝트는 Care, Tourism, Mobility, Park, Active, Productive의 여섯 가지 영역으로 구성된 다양한 시설과 공간을 배치하였으며, 시니어들은 각 시설에서 다음과 같은 활동에 참여할 수 있다. 이러한 구성은 외부인을 위한 어트랙션 기능까지 함께 고려되어, 시니어의 사회적 영향력과 삶의 지속성을 동시에 확보할 수 있도록 설계되었다.

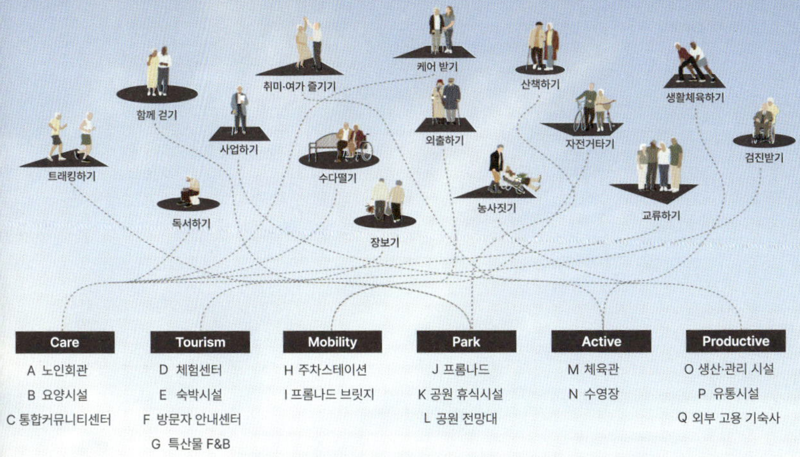
케어 받기
취미·여가 즐기기
산책하기
생활체육하기
함께 걷기
외출하기
자전거타기
검진받기
사업하기
트래킹하기
수다떨기
농사짓기
교류하기
독서하기
장보기
Care
A 노인회관
B 요양시설
C 통합커뮤니티센터
Tourism
D 체험센터
E 숙박시설
F 방문자 안내센터
G 특산물 F&B
Mobility
H 주차스테이션
I 프롬나드 브릿지
Park
J 프롬나드
K 공원 휴식시설
L 공원 전망대
Active
M 체육관
N 수영장
Productive
O 생산·관리 시설
P 유통시설
Q 외부 고용 기숙사

외부를 맞이하는 첫 시설, 주차스테이션과 입체광장

생산을 조망하고 건강을 유지하는 체

시니어 라이프스타일에 필요한 기초시설, 시니어 커뮤니티 시설

F&B 플래그십 스토어에서 바라본 수

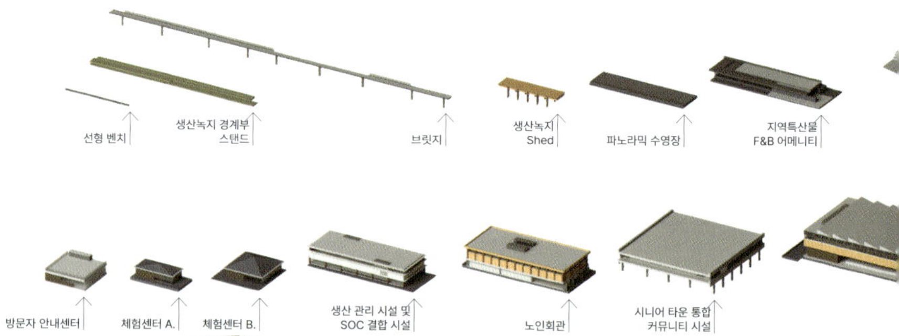

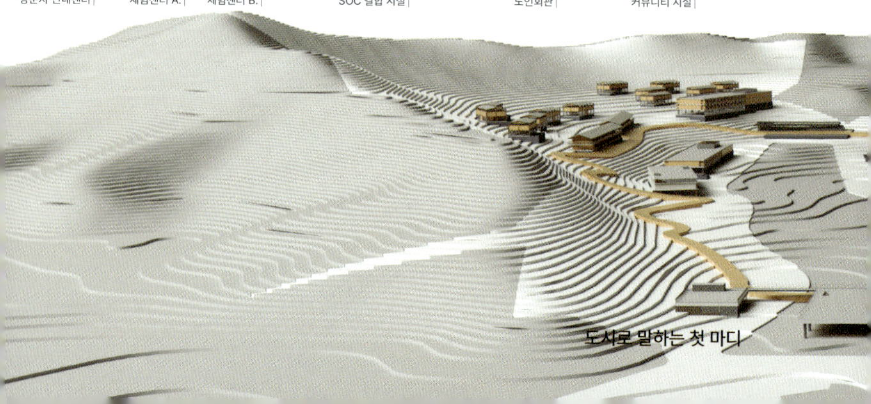

도시로 말하는 첫 마디

생산녹지의 F&B플래그십 스토어와 물 순환의 시작 파노라믹 수영장

F&B 플래그십 스토어에서 바라본 옹벽을 해체하여 재구성한 공원 시설물

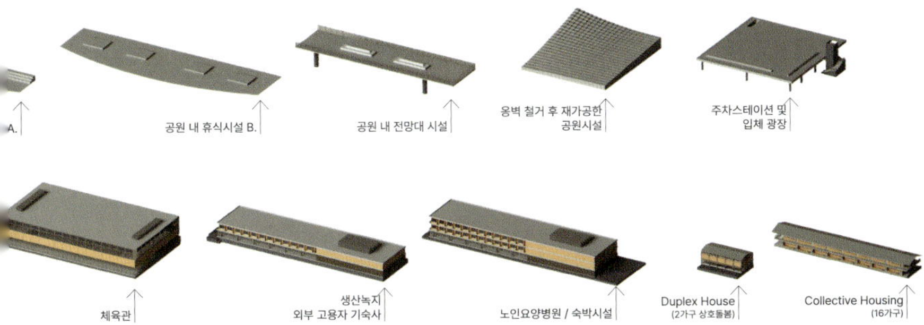

Typological Multi-layered City

대관령의 지형과 올림픽 유산을 활용한 도시 계획안

Team 심준형+소정호

본 프로젝트는 2018 평창동계올림픽 이후 유휴화된 인프라, 미활용 부지, 고령화된 인구 구조 등 중첩된 문제를 안고 있는 대관령면 일대를 대상으로 새로운 도시적 전략을 도입한 작업이다. 우리는 이 지역을 단순히 재개발의 대상으로 보지 않고, 기존에 남겨진 인프라의 흔적과 자연지형, 사회적 요구 조건을 통합적으로 분석하여 도시의 다층적 구조를 유기적으로 연결하는 것을 목표로 했다.

대상지 한가운데는 송천이라는 지방 하천이 흐르며, 이를 중심으로 북측과 남측이 물리적으로 분절된 이분법적 공간 구조를 형성하고 있다. 북측에는 평창선수촌 아파트와 평창돔이 위치하고, 남측으로는 경사진 자연 지형이 펼쳐진다. 우리는 물리적으로 분리된 두 영역을 연결하기 위해 'Typological Multi-layered City'라는 개념을 도입했다. 이는 도시 유형을 단순히 반복하거나 모방하는 방식이 아니라, 지형적 조건과 기능적 요구에 따라 도시의 유형을 조합하는 방식을 통해 고밀도의 기능성과 저밀도의 쾌적함을 동시에 수용할 수 있는 복합 도시 구조를 제안한다.

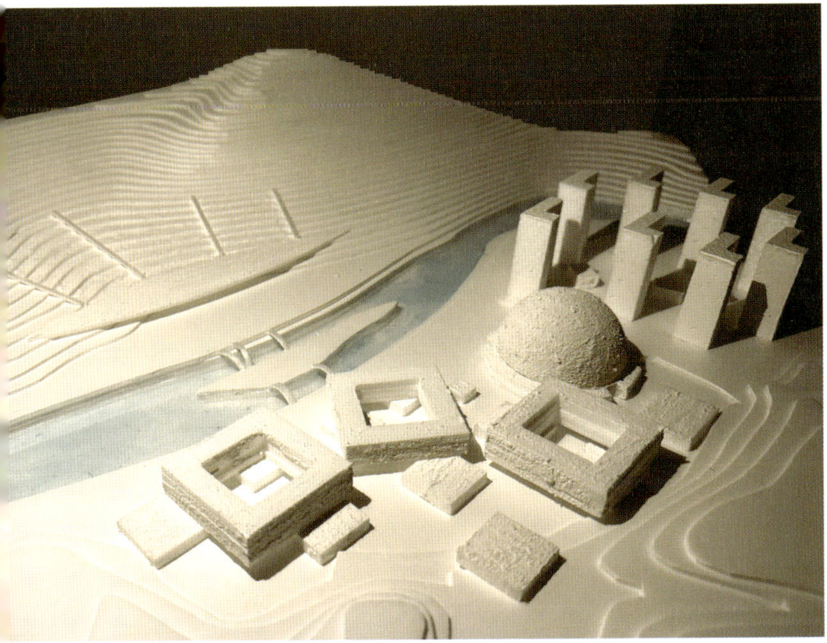

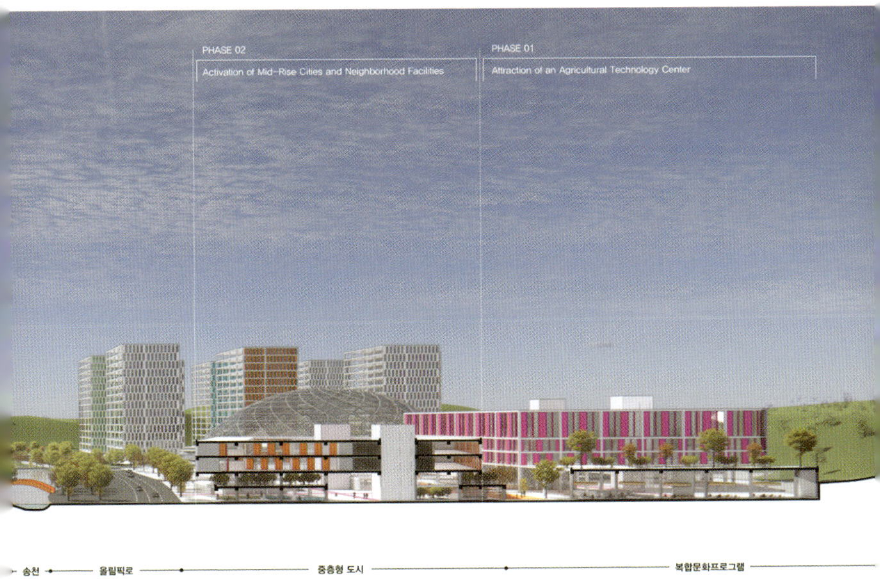
PHASE 02
Activation of Mid-Rise Cities and Neighborhood Facilities
PHASE 01
Attraction of an Agricultural Technology Center
송천
올림픽로
중층형 도시
복합문화프로그램

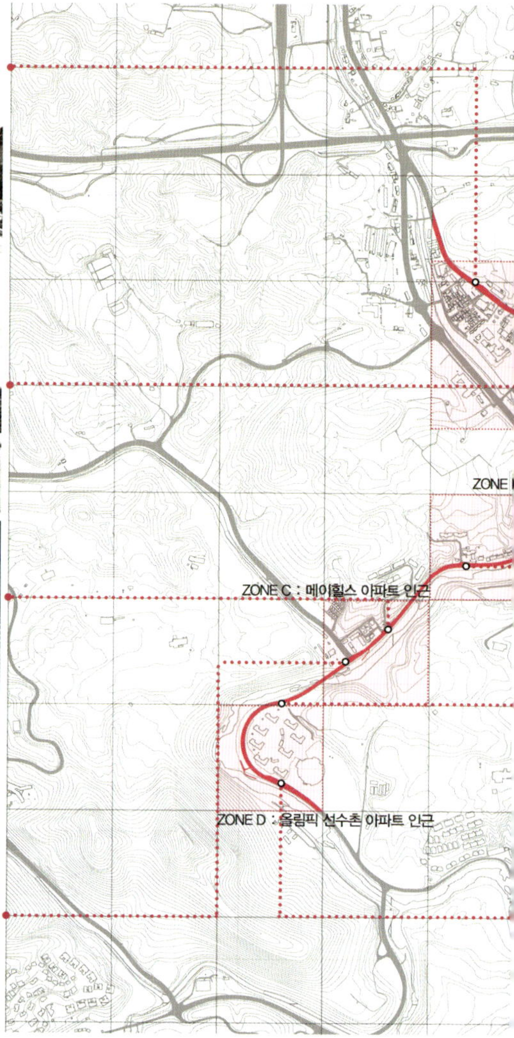

Phase 01_농업기술센터 유치

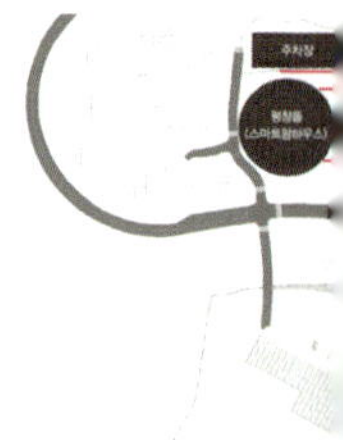

도시의 지속 가능성과 경쟁력 강화를 위한 고랭지

Phase 02_중층도시 및 생활시설 활성화

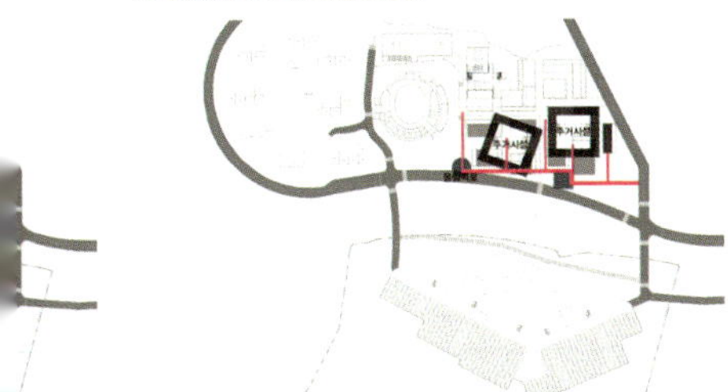

중층도시 저층부에 다양한 프로그램의 생활시설 활성화를 통해 도시 구성원의 다양한 수요 대비

Phase 03_저층도시 및 수변 오픈스페이스 활성화

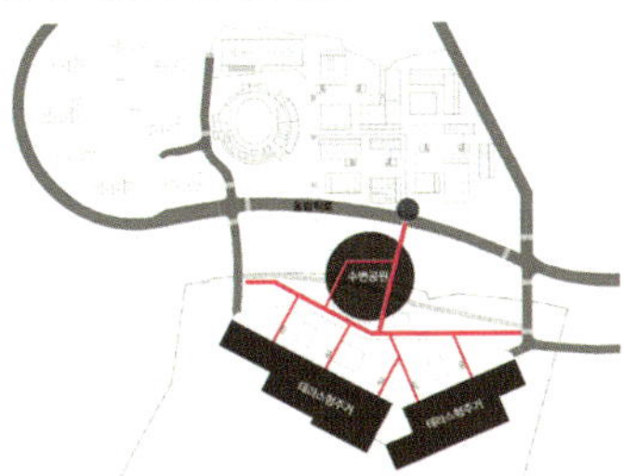

2단계 점진적 개발 이후 최종적으로 농경지가 포함된 수변 공원 및 저층도시 활성화

중층 도시는 콘크리트로 포장된 기존 주차장 부지를 재해석하여 농업기술센터, 커뮤니티 센터, 창업 인큐베이터 등 다양한 공공 프로그램을 담는 복합 플랫폼으로 계획되었다. 수직적으로 구성된 이 공간은 대관령 지역에 부족했던 기능적 밀도와 공공성을 보완하며, 중심적인 도시 기능을 수행하게 된다.

저층 도시는 남측의 경사진 지형을 최대한 존중하는 방향으로 조성된다. 기존의 획일적인 평탄화 개발 방식 대신, 절·성토를 최소화하고 자연 지형의 윤곽을 수용하여 주거, 생산, 커뮤니티 기능이 유기적으로 얽힌 시니어 친화형 농업 도시를 제안한다.

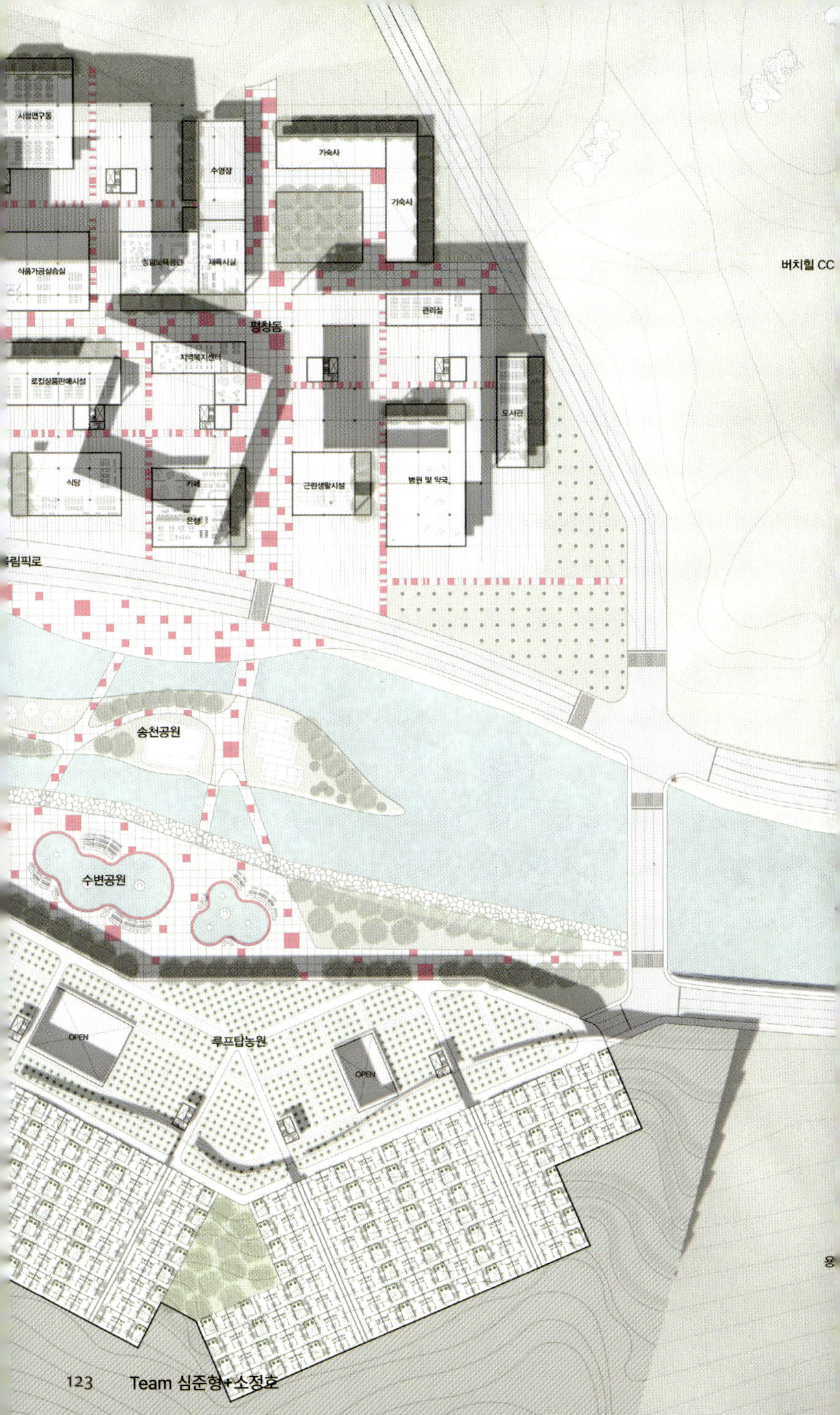
시험연구동
수영장
기숙사
기숙사
버치힐 CC
식품가공실습실
관리실
평창동
지역복지센터
로컬상품판매시설
도서관
식당
카페
근린생활시설
병원 및 약국
은행
송천공원
수변공원
OPEN
루프탑농원
OPEN

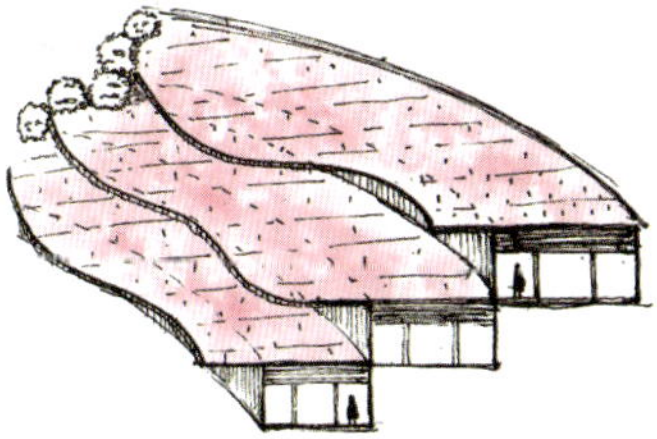

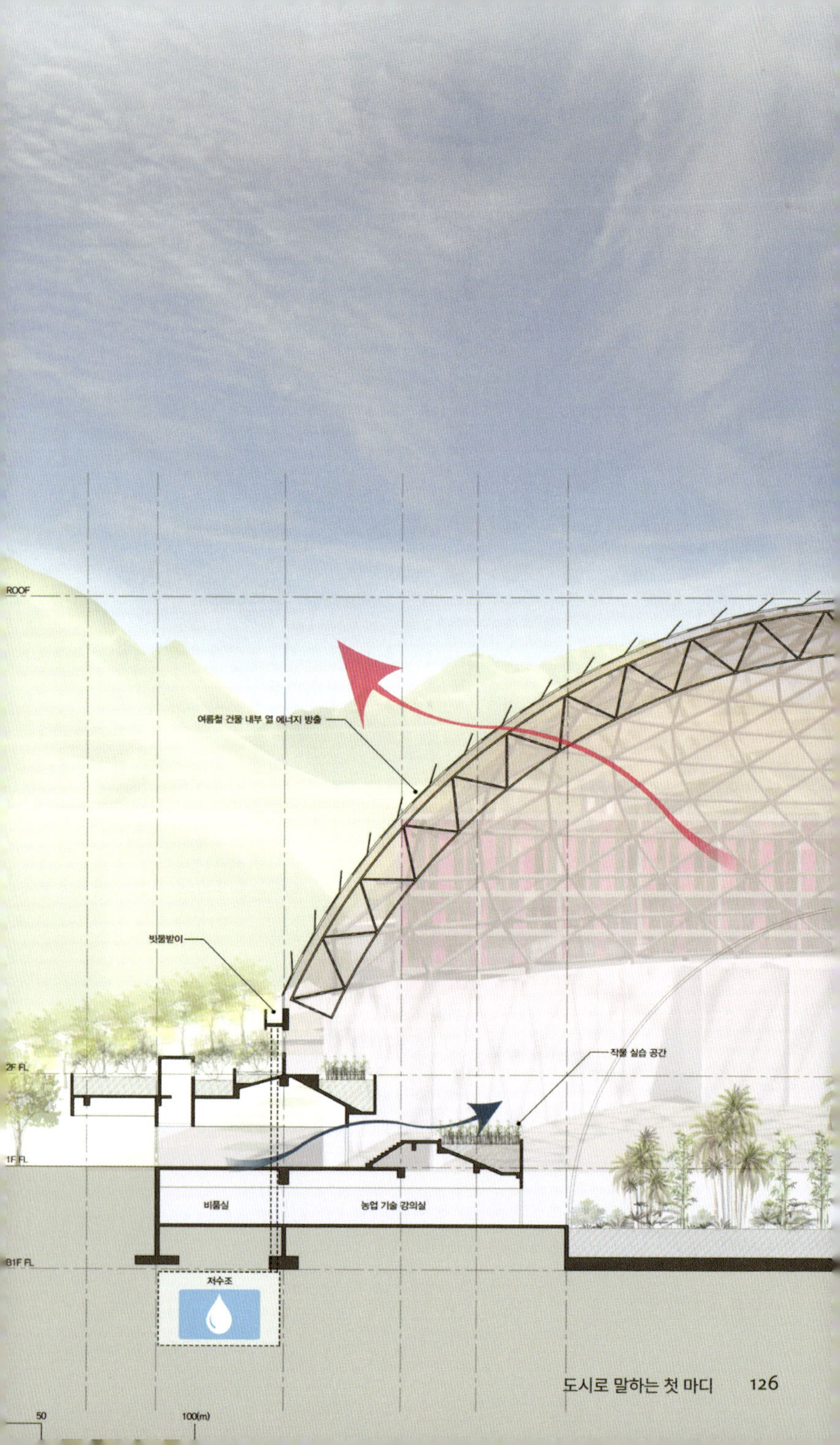
ROOF
여름철 건물 내부 열 에너지 방출
빗물받이
2F FL
작물 실습 공간
1F FL
비품실
농업 기술 강의실
B1F FL
저수조
50
100(m)

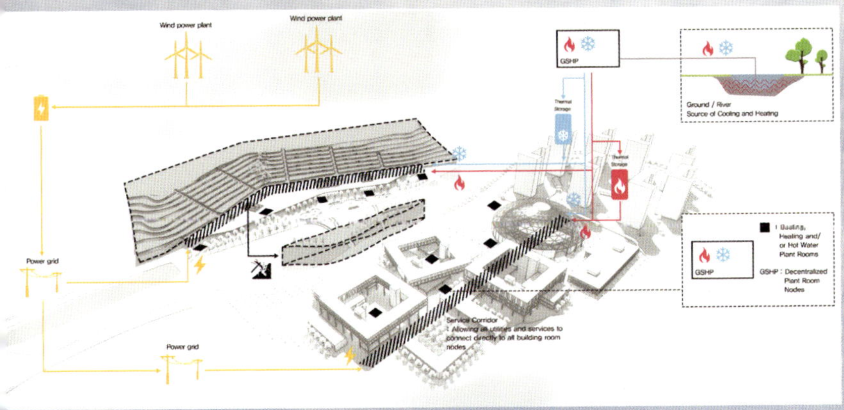
Wind power plant
Wind power plant
GSHP
Thermal Storage
Thermal Storage
Ground / River
Source of Cooling and Heating
Power grid
Power grid
Heating and/ or Hot Water Plant Rooms
GSHP
GSHP : Decentralized Plant Room Nodes
Service Corridor
: Allowing all utilities and services to connect directly to all building room nodes

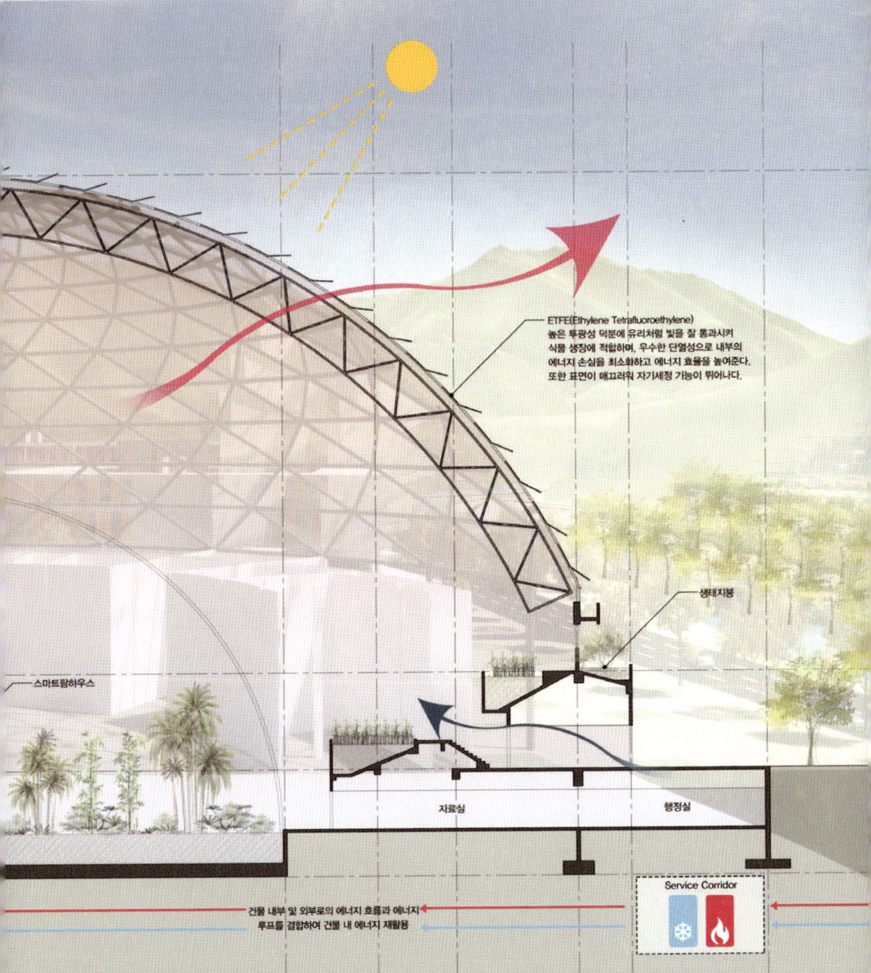
ETFE(Ethylene Tetrafluoroethylene)
높은 투광성 덕분에 유리처럼 빛을 잘 통과시켜
식물 생장에 적합하며, 우수한 단열성으로 내부의
에너지 손실을 최소화하고 에너지 효율을 높여준다.
또한 표면이 매끄러워 자기세정 기능이 뛰어나다.
생태지붕
스마트팜하우스
자료실
행정실
Service Corridor
건물 내부 및 외부로의 에너지 흐름과 에너지
루프를 결합하여 건물 내 에너지 재활용

이러한 다층 도시 구조는 물리적 연결뿐 아니라 프로그램 간 유기적 흐름과 시퀀스를 통해 지역의 공간적 연속성과 도시의 정체성을 함께 회복하는 데 초점을 둔다. 본 계획안은 올림픽 유산과 고유 지형, 고령화라는 지역적 특수성을 동시에 반영한 지속 가능하고 회복력 있는 도시 전략이다. 이는 도시의 정체성을 훼손하지 않으면서도 경제적, 생태적 활력을 회복시킬 수 있는 대안 모델로, 향후 소멸 위기에 직면한 지방 중소도시들에게 하나의 설계적 참조 지점을 제공할 수 있을 것으로 기대한다.

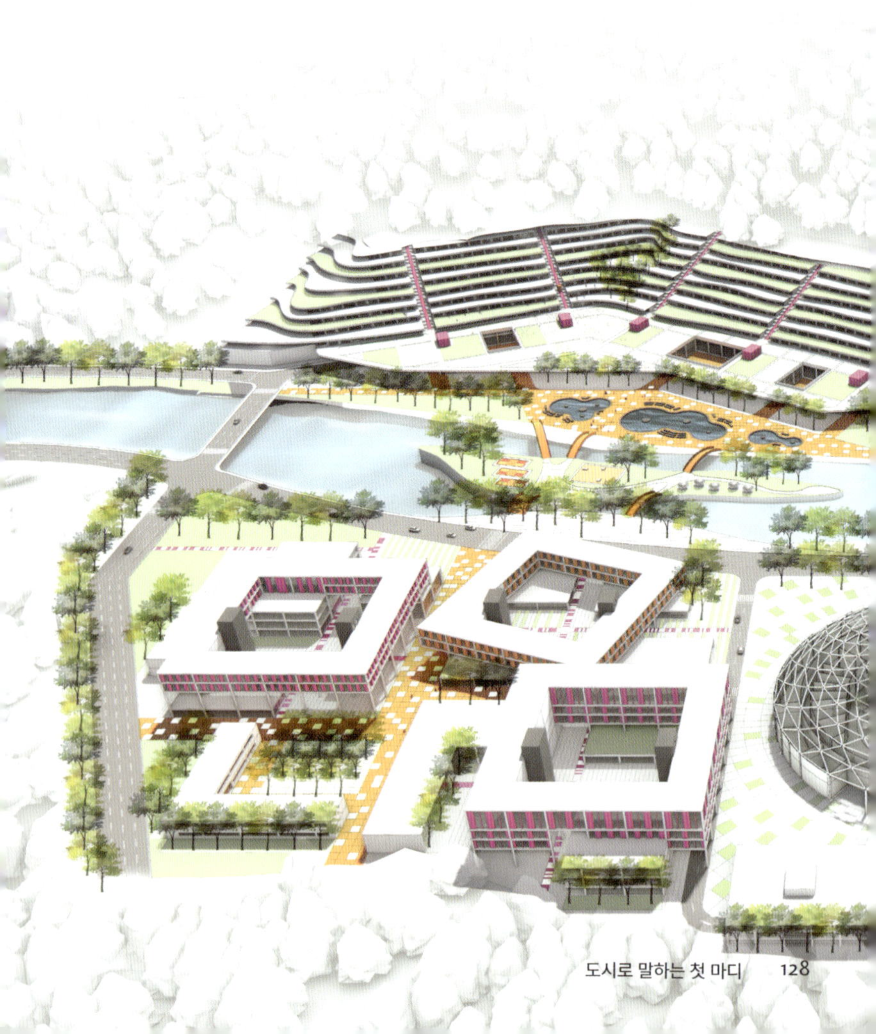

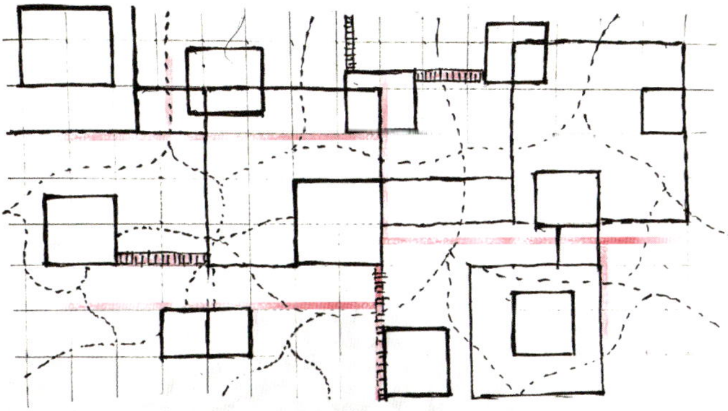

다음에 쓰는 문장

윤희영
권혜인
곽민준

익숙해서 까다로운

윤희영
독립 연구자, 편집자, 설계자
서울대학교 건축학과 강사

나는 학부에서 건축을 전공하고, 졸업 후 바로 협동과정 도시설계학전공(이하 협동과정)에 입학했다. 내가 협동과정을 고른 이유는 매 학기 필수 전공으로 도시설계 스튜디오가 개설되어 있었기 때문이었다. 건축설계 스튜디오 중심으로 돌아가는 학부 시스템에 잘 적응한 나는 '디자인'이 좋았고, 스튜디오 초반에 대상지 주변을 조사하고 설계 방향을 잡는 단계를 가장 잘했기에 '도시'적 관점에서 대상에 접근하는 게 좋았다. 물론 내가 기대했던 도시적 관점의 디자인과 협동과정에서 배운 도시설계는 달랐다. 그 차이를 알아차릴 수 있었던 건 내가 고대했던 도시설계 스튜디오뿐 아니라, 어쩌면 스튜디오보다 더 많은 영향을 받은 다른 수업들과 나의 석사논문, 그리고 이 과정을 함께한 동기들 덕분이었다. 필수과목 외에 수업을 골라 들으며 관심 주제에 집중할 수 있는 것도 좋았고, 여러 배경을 가진 동기들과 학교 안팎에서 어울리며 나눈 수다도 좋았다. 재미있어서 좋았고, 달라서 좋았다. 다름을 알아차리는 것은 나에게 중요하다. 내가 경험한 주체적인 배움은 언제나 다름이 있다는 것을 체감하는 데서 시작됐다. 아마 협동과정에서 다양한 수업을 듣지 않았다면, 나와 다른 사람들과 시간을 많이 보내지 않았다면, 알아차리는 데 더 오랜 시간이 걸렸을지도 모르겠다.

협동과정 졸업자로서, 이 책에서 학생들이 묘사하는 다방면의 당혹스러움과 깨달음에 깊이 공감한다. 여기 모인 학생들의 글은 주로 스튜디오에서 느낀 점에 관한 내용이지만, 다른 수업에서도 크게 다르지 않았을 것이다. 협동과정에서는 모든 것이 익숙하면서도 동시에 낯설게 느껴진다. 돌이켜 보면 나의 혼란은 단어를 오해하는 데서 시작됐다. 도시설계, 그러니까 '도시' 스케일에서 '디자인'은 주체와 대상, 기간과 공간 범위, 결과물의 형식과 전달 매체까지 다양하고 폭넓다. 그에 비해 대학원에 막 들어온 내가 아는 단어는 많지 않았고, 대체로 멋지고 거창한 단어들이었다. 사실 단어는 죄가 없다. 단어의 뜻과 도시·건축에서의 쓰임을 정확히 알지 못하고 습관처럼 사용한 내 미숙함이 원인이었다. 흥미로운 점은, 전공이 무엇이든 단어 자체는 모두 익숙해하지만, 그 단어를 들었을 때 떠올리는 이미지는 학생마다 다르다는 것이다. 서로 다른 생각을 하면서도 입 밖으로는 비슷한, 혹은 같은 단어가 나왔다. 1학기 때 도시계획론 수업에서 김광중 교수님이 "도시설계는 건축, 조경, 도시공학의 교집합에 속하는 분야"라고 말씀하셨는데, 혹시 이런 상황을 두고 하신 말씀이었을까? (물론 아니다) 아무튼 우리는 같은 언어, 비슷한 단어를 사용하면서도 서로 무슨 말을 하고 있는 건지 이해하는 데 시간이 걸렸다. 큰 단어를 작은 단어로 쪼개서 설명하는 법을 몰라서 생긴 일이었다. 동기들과의 대화에서도 그랬지만, 단어의 선택과 전달의 문제는 수업시간에도, 논문을 쓸 때도 계속 이어졌다.

졸업논문을 막 시작할 무렵, 박소현 교수님께서 어떤 주제로 논문을 쓰고 싶은지 물으셨다. 제주도의 경관과 평범한 동네의 의미에 오래 관심을 두었던 나는 당시 '도시형태', '기록'이라는 단어에 빠져 있었다. "제주도 모든 마을의 도시형태를 기록하고 싶습니다." 그때 교수님의 표정과 말씀이 아직도 생생하다. "그 주제는 희영이 인생 목표로 삼아야 할 것 같고, 석사논문은 대상과 주제를 좀 더 구체적으로 좁혀야 해요." 대상과 주제를 좁히는 데만 몇 달이 걸렸고, 오히려 이후 단계들은 순조로웠다. 구체적인 대상과 주제를 찾는 과정에서 모은 여러 문헌과 현장조사 내용을 정리한 것이 논문의 핵심, 조사와 분석틀이 되었다. 긴밀하게 얽혀 있는 요소들을 신중히 하나씩 분리해 이름을 붙이고 분류한 뒤, 다시 종합하는 방식이었다. 손에 잡히는, 실재의 단어를 고르는 법을 배우던 시기였다. 그때 교수님께 가장 자주 들었던 말이 있다. "실체를 밝혀라."

이제는 내가 학교에서 도시설계론 수업을 하며, 그 말을 학생들에게 반복해 강조하고 있는 모습을 발견한다. 학생들이 내가 겪은 (고통과) 즐거움을 한 번은 경험해 봤으면 하는 바람이다. 익숙한 대상의 실체를 밝히는 일. 이는 직접 겪어봐야 이해할 수 있는 방법이고, 몸으로 체감해야 중요성을 깨달을 수 있다. 학생들 앞에서는 큰소리를 치고 있지만, 사실은 나도 여전히 어렵다. 도시설계에서 구체적인 단어를 고르는 일이 왜 이렇게 힘든 걸까? 너무 자주 오랫동안 봐 와서 익숙해진 도시의 장면은 쉽게 쪼갤 수 없는 한 덩어리처럼 느껴진다. 그리고 그것을 표현하는 큰 단어들은 너무 쉽고 익숙하다. 큰 단어는 오해를 불러오기 쉽다. 익숙한 만큼 실체를 밝히기에 까다롭다. 그러나 까다로운 만큼 필요한 일이다.

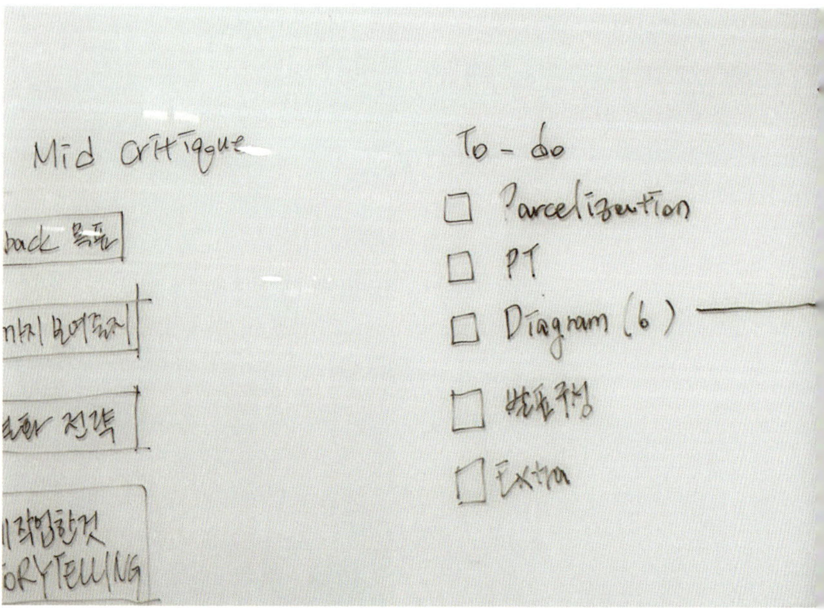

도시를 설명하는 큰 단어를 쪼개서 작고 구체적인 단어로 만들수록, 도시의 해상도는 높아진다. 대상을 세밀하게 볼 수록 더 나은 결과물을 만들 수 있다.

돌아보면 협동과정에서 겪었던 혼란은 결국 나만의 주제와 방법론을 쌓아가는 출발점이었다. 학생들이 이번 책을 통해 도시설계 스튜디오의 결과물뿐만 아니라, 과정에서 겪은 고민과 충돌, 어리둥절함을 함께 남기고 공유한 것이 특히 반가운 이유도 여기에 있다. 익숙해서 모호해지고, 폭넓어서 막연해진 영역에서 느낀 혼란은 단순한 감정이 아닐 수 있다. 처음에는 막연해 보이는 대상이라도 개인이 직접 겪은 고민과 질문을 거치면 해결할 수 있는, 혹은 시도할 만한 주제와 의미가 된다는 걸 이제는 안다. 이 책을 읽으며 도시설계 스튜디오에서 느낀 감정이 일시적인 것이 아니라는 사실을, 학생들 또한 이미 잘 이해하고 있음을 확인할 수 있었다. 그럼에도 감히 조언을 덧붙이자면, 혼란을 느낄 때 효율적이고 세련된 해결책을 찾기 위해 서두르지 않았으면 좋겠다. 그보다는 혼란을 끝까지 들여다보며 이를 설명할 수 있는 작은 단어와 질문들을 찾는 데 집중하기를 바란다. 그 과정에서 도시와 설계의 실체가 드러난다.
내 경험담이다.

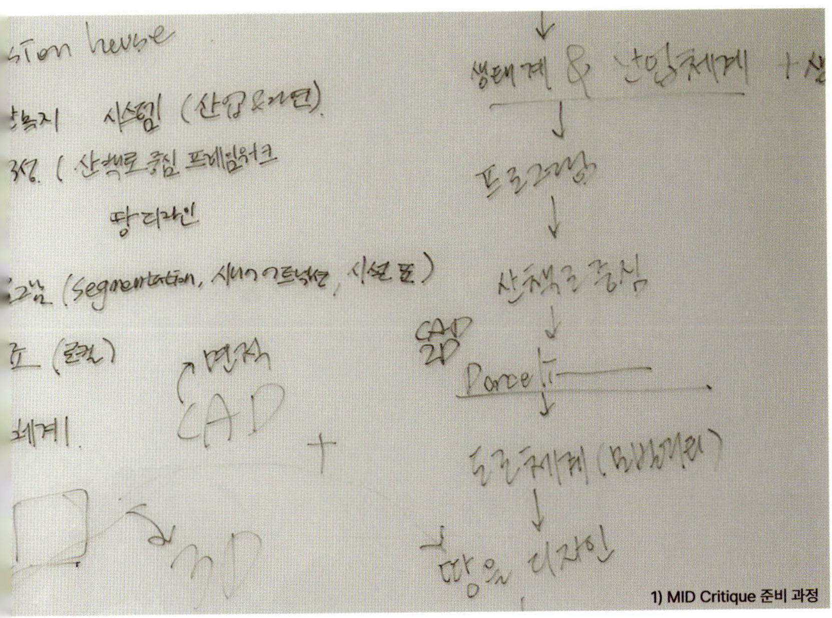

1) MID Critique 준비 과정

낯설기에 발견한 '도시설계'라는 질문

권혜인
도시연구자
서울대학교 IPUD 박사생

건축을 전공한 학생들이 '도시'라는 익숙한 듯 다른 영역에 발을 들여놓을 때, 스케일과 논리의 세계는 뒤틀리고 확장되며 우왕좌왕과 좌충우돌의 시간이 펼쳐진다. 이는 단지 생소함에서 오는 일시적 혼란이 아니라, 건축과 도시설계가 공유하는 지점만큼이나 근본적으로 서로 다른 전문성의 언어와 사고 체계를 요구하기 때문이다. 본 책은 도시설계 스튜디오를 통해 학생들이 두 분야 사이 의 간극을 인식하고, 건축적 사고를 도시적 사고로 확장해가는 여정을 담았다.

건축이 주어진 대지 안에서 개별 건물의 형태, 기능, 구조, 그리고 미학적 완성도를 정교하게 다듬는 작업이라면, 도시는 단일 건물의 집합을 넘어선 복잡한 관계망 속 유기적 시스템이다. 도시란 수많은 건축물과 기반 시설, 자연 환경, 그리고 그 안에서 살아가는 사람들의 삶과 활동이 끊임없이 교차하고 작동하는 다층적인 시스템이다. 따라서 도시설계는 단순한 건물의 배치계획을 넘어, 훨씬 더 넓은 시야와 통합적인 사고를 요구한다.

이번 스튜디오에서 우리는 건축적인 시선만으로는 포착하기 어려운 도시의 본질적인 질문들과 마주했다. 특정 필지의 물리적 조건도 중요하지만, 해당 대상지가 기존 도시 맥락에서 어떤 기능적 역할을 수행하고, 주변의 도로망, 자연 환경, 사회적 인프라와 어떻게 유기적으로 연결되어야 하는지에 대한 통합적인 인식이 필요하다. 학생들은 설계안을 통해 제시하는 형태가 그 자리에 존재해야 하는 이유를 논리적으로 설명할 수 있어야 했다. 형태적 아름다움을 넘어서, 그 형태가 담고 있는 기능적, 사회적, 환경적인 맥락을 설득력있게 드러내야 하는 것이다. 예컨대 원형 블록이나 지형을 따르는 프로미나드는 단순한 형식이 아니라 이동의 위계, 공간의 공공성, 보행의 안전성, 조망과 기후 반응성 등 설계 논리를 기반으로 정당화되어야 했다.

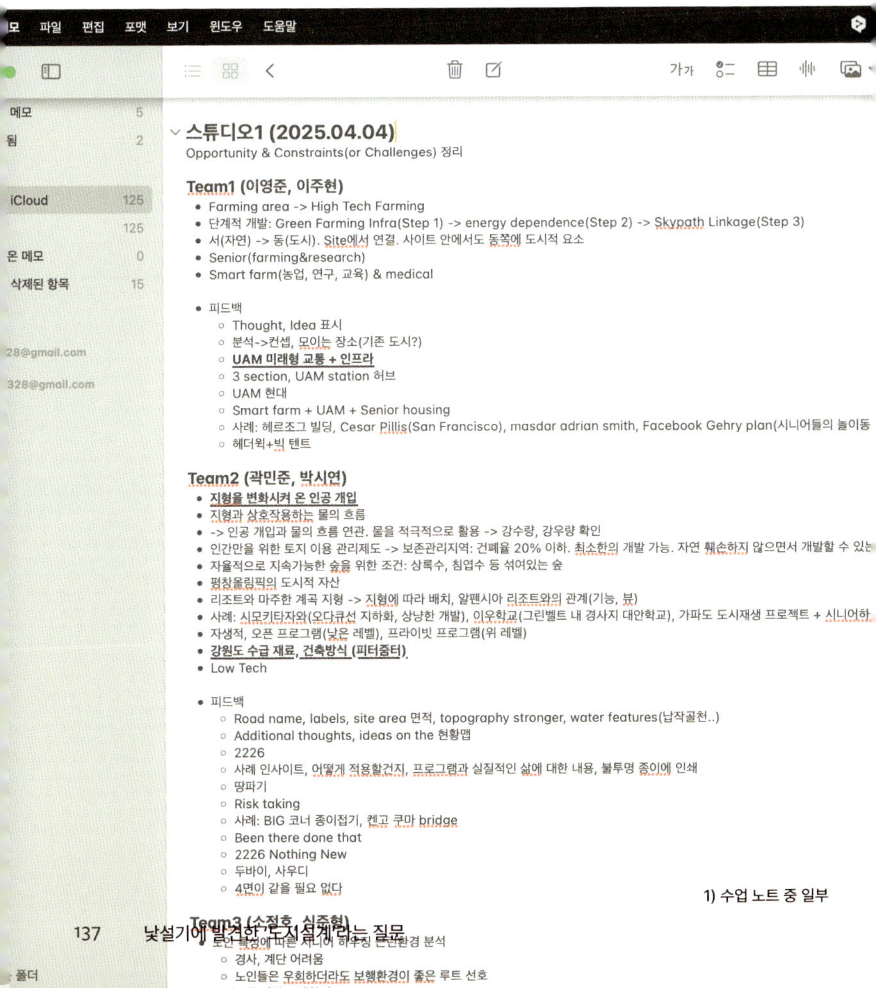
모 파일 편집 포맷 보기 윈도우 도움말

메모 5
됨 2
iCloud 125
125
온 메모 0
삭제된 항목 15
28@gmail.com
328@gmail.com
폴더

스튜디오1 (2025.04.04)
Opportunity & Constraints(or Challenges) 정리

Team1 (이영준, 이주현)
- Farming area -> High Tech Farming
- 단계적 개발: Green Farming Infra(Step 1) -> energy dependence(Step 2) -> Skypath Linkage(Step 3)
- 서(자연) -> 동(도시). Site에서 연결. 사이트 안에서도 동쪽에 도시적 요소
- Senior(farming&research)
- Smart farm(농업, 연구, 교육) & medical

- 피드백
  - Thought, Idea 표시
  - 분석->컨셉, 모이는 장소(기존 도시?)
  - UAM 미래형 교통 + 인프라
  - 3 section, UAM station 허브
  - UAM 현대
  - Smart farm + UAM + Senior housing
  - 사례: 헤르조그 빌딩, Cesar Pillis(San Francisco), masdar adrian smith, Facebook Gehry plan(시니어들의 놀이동
  - 헤더윅+빅 텐트

Team2 (곽민준, 박시연)
- 지형을 변화시켜 온 인공 개입
- 지형과 상호작용하는 물의 흐름
- -> 인공 개입과 물의 흐름 연관. 물을 적극적으로 활용 -> 강수량, 강우량 확인
- 인간만을 위한 토지 이용 관리제도 -> 보존관리지역: 건폐율 20% 이하. 최소한의 개발 가능. 자연 훼손하지 않으면서 개발할 수 있는
- 자율적으로 지속가능한 숲을 위한 조건: 상록수, 침엽수 등 섞여있는 숲
- 평창올림픽의 도시적 자산
- 리조트와 마주한 계곡 지형 -> 지형에 따라 배치, 알펜시아 리조트와의 관계(기능, 뷰)
- 사례: 시모키타자와(오다큐선 지하화, 상냥한 개발), 이우학교(그린벨트 내 경사지 대안학교), 가파도 도시재생 프로젝트 + 시니어하
- 자생적, 오픈 프로그램(낮은 레벨), 프라이빗 프로그램(위 레벨)
- 강원도 수급 재료, 건축방식 (피터줌터)
- Low Tech

- 피드백
  - Road name, labels, site area 면적, topography stronger, water features(납작골천..)
  - Additional thoughts, ideas on the 현황맵
  - 2226
  - 사례 인사이트, 어떻게 적용할건지, 프로그램과 실질적인 삶에 대한 내용, 불투명 종이에 인쇄
  - 땅파기
  - Risk taking
  - 사례: BIG 코너 종이접기, 켄고 쿠마 bridge
  - Been there done that
  - 2226 Nothing New
  - 두바이, 사우디
  - 4면이 같을 필요 없다

Team3
- 노인 특성에 따른 시니어 하우징 관련환경 분석
  - 경사, 계단 어려움
  - 노인들은 우회하더라도 보행환경이 좋은 루트 선호

1) 수업 노트 중 일부

도시설계는 스케일이 크다고 해서 단순히 건물을 크게, 많이 배치하는 일이 아니다. 계획의 적정성, 프로그램의 밀도와 종류, 그리고 실행의 조건을 구성하는 사회경제적 메커니즘까지 고려해야 한다. 특정 목적을 가진 도시를 구상할 때는 예상 인구 규모, 필요한 기능군의 구성과 상호작용, 그리고 그 기능들이 도시 전체의 활성화에 미치는 영향까지 분석적으로 접근해야 한다. 더 나아가, 도시설계가 단순히 '그림'을 그리는 것을 넘어 '시스템'을 디자인하는 것이기에 물리적 형태를 넘어서 도시를 움직이는 사회경제적 주체와 사업 방식에 대한 구체적인 고민이 수반되어야 한다. 누가 주체가 되어 어떻게 자본을 조달하고 운영할 것인지에 대한 명확한 설정은 도시설계의 실현 가능성을 담보한다.

수업이라는 전제는 실험을 가능케 한다. 실무에서는 시도하기 어려운 급진적 상상과 과감한 설정도 가능하다. 그러나 실현과 단절된 공상이 아닌, 설계안이 바탕하고 있는 사회적 맥락과 공간적 담론, 그리고 그 작동 논리를 함께 구성하는 것이 중요하다. 따라서 학생들은 대안을 제시하기 이전에, 그 대안이 어떤 가치관과 지향점을 전제하는지, 어떤 방식

2) GIS 워크샵 장면

으로 구현 가능성을 획득하는지 고민했다. 설계는 곧 사회와 공간에 대한 주장을 담는 일이기도 하다.

도시는 살아있는 생명체와 같아서 고정된 청사진만으로는 지속가능하기 어렵다. 도시설계는 미래의 불확실성을 수용할 수 있도록 유연성과 단계성을 설계 안에 포함시켜야 한다. '포스트 올림픽(Post-Olympic)'이라는 주제 아래, 기존의 시설을 새로운 문화여가 프로그램으로 전환하거나, 구도심이나 알펜시아리조트 등 주변 자원과의 관계를 재설정하는 시도는 단순히 대상지를 설계하는 것이 아니라, 도시의 과거와 미래를 매개하는 전략을 상상하는 일이다. 공공 공간의 양과 질, 도로율과 보행 환경, 그리고 접근성과 경관의 관계는 도시의 삶의 질을 좌우하는 핵심 요소이며, 이는 비교적 사적 영역에 집중하는 건축과는 다른 도시설계의 중심 가치다.

'도시로 바꿔 말하기'는 건축 전공 학생들이 도시라는 새로운 영역에서 마주한 낯섦과 혼란, 그리고 그 안에서 발견한 가능성과 사유의 전환을 담은 기록이다. 도시설계는 단순히 건축의 언어를 도시의 언어로 대체하는 작업이 아니라, 건축적 사고의 틀을 넘어 도시적 관점에서 문제를 정의하고, 사회적 조건에 응답하는 해법을 모색하는 사고의 전환 과정이다. 이 과정을 통해 학생들이 도시 전문가로서 스케일과 상상력을 확장하고, 깊이 있는 통합적 사고를 성장시켜 나가는 시간이 되었기를 바란다. 나 역시 수업을 통해 교수님과 학생들과 함께 고군분투하며 도시적으로 사유하고 질문하는 과정을 거쳤고, 그 과정에서 끊임없이 흔들리고, 갱신되고, 확장되었다. 이 책은 그러한 공동의 시간과 고민의 흔적이며, 우리 모두가 도시를 '다시' 말해보기 위해 기울인 한 학기의 치열한 실험의 기록이다.

단단하고 두터운 형용사

곽민준
건축가
서울대학교 IPUD 석사과정

지난 한 학기에 대해 어땠냐고 누가 묻는다면 어지러웠다는 말로 얘기를 시작할 것 같다. 사실 학교를 졸업하고 꽤나 다양한 경험을 하고 대학원이란 곳을 와서 배움을 이어나가고 있다. 실무라는 영역, 거기에서 경험한 다양한 상황들에 꽤나 자신감이 있었던 듯 하다. 지금 공부하고 있는 과정은 건축학 뿐만 아니라 건설환경공학, 조경학, 도시계획학, 환경설계학 등 다양한 분야와 학문에 대해 배울 수 있는 곳이다. 소위 말하는 다학제적 접근을 기반으로 구성되어있는 과정이다. 지금까지 쌓아온 시간에선 '건축'을 기반으로 해석과 확장, 제안을 이어왔다. 그리고 어쩌면 주변과 나아가 사회, 세상을 읽어나가는 하나의 틀로 건축을 활용해왔다고 생각한다. 이러한 상황에서 다양한 배경을 가진 사람들을 만나 생각을 나누고 하고싶은 말을 만들어가는 과정은 혼란스러웠다. 조경학을 전공한 사람과의 협업, 도시 관점에서 다양한 고민을 이어온 박사님의 조언, 도시설계라는 분야로 실무와 연구를 이어온 교수님의 지도는 건축이라는 관점과 방식에서 중심을 옮겨가는 듯한 경험이었다. 이 경험을 단순히 시야의 확장이나 모르던 분야에 대해 새로이 깨달은 무언가로 설명하고 싶진 않다. 지난 경험을 통해 다음에 무엇을 하고 싶은지 구체화하고 다짐 같은 소회를 써놓고자 한다.

건축을 하다가 도시에 관심을 갖는 많은 경우에 건축에서 시야를 확장하거나 물리적인 것을 넘은 체계에 대한 고민을 말하곤 한다. 필자도 자연스레 이것에 대한 갈증과 고민이 있었고 이를 찾고자 노력했다. 건축을 전공하고 실무를 쌓았으나 그 너머의 무언가를 찾고자 부단히도 애썼던 듯 하다. 이런 관점에서 '도시설계'라는 분야가 가진 역할에 대해 생각을 이어갔다. 도시설계는 도시라는 사람들과 체계의 집합 속에서 발생하는 문제들 혹은 더 나은 삶을 위해 체계와 물리적인 형태에 대한 설계를 의미한다고 생각한다. 그러면 도시설계를 배우는 학생으로서, 하는 주체로써 내가 해야되는 역할은 도시 속 삶에 대한 적극적인 문제해결일까? 혹은 라이프스타일이라고 불리는 삶의 형식과 형태에 대해 정의하고 구체화하는 일일까? 다양한 질문들은 도시설계라는 영역을 넘어 건축가로서 해나가고 싶은 일에 대해 스스로 묻는 계기가 되었다.

'Less is more', '건축은 얼어붙은 음악이다.', '인간을 위한 건축' 등의 지난 역사 속 수많은 건축가들과 함께 해온 명제들을 배우며 어떤 명제를 말할 수 있는 건축가가 되는 것에 대한 기대가 있었다. 하지만 학교에서 건축과 도시를 배우고 실무를 하며 다른 사람들과 함께 생각하고 일하며 현실이라는 정교한 체계에서 함부로 새로운 것을 제안하고 구현하는 것에 대해 조심스러웠다. 이러한 생각들에 명제로 시작하는 건축보다는 질문을 시작으로 작업들을 이어나갔다. 불완전한 사회, 불투명한 생활에 따라붙는 질문들을 시작으로 우리가 살아가는 사회, 생활에서 지나친 감각과 가려진 시간을 드러내는데 노력을 기울였다. 그리고 이러한 노력들을 태도라고 이름 붙이며 무언가를 만들며 자주 들춰보곤 했다. 지난 한 학기 어지러웠던 것은 건축이라는 관점에서 벗어나 앞으로 하고싶은 말이 무언가를 찾는 과정에서 느꼈던 현기증이라고 생각한다. 쌓아온 지난 시간과 태도를 부정하지 않으면서 건축적 사고를 기반으로 앞으로 하고싶은 말이 어떤 성격인지 구체화해보고자 한다.

앞으로 하고싶은 말들은 '단단하고 두터운 형용사'를 닮았으면 한다. 먼저 형용사에 대해 설명해보고자 한다. 이에 대해 캐나가 시인 '앤 카슨'의 『빨강의 자서전』에 나오는 형용사에 대한 정의 구절을 인용해보고자 한다.

"형용사란 무엇인가? 명사는 세상을 이름 짓는다. 동사는 이름을 움직이게 한다.
형용사는 어딘가 다른 곳에서 온다.
형용사는 그 자체가 '위에 놓인', '덧붙여진', '부가된', '수입된', '이질적인'이라는 형용적 의미이다.
형용사는 그저 부가물에 지나지 않는 듯하지만 다시 잘 보라.
이 수입된 작은 메커니즘은 세상의 모든 것들을 특정성 속에서 제자리에 머무르게 한다.
형용사는 존재의 걸쇠다."

'앤 카슨'의 『빨강의 자서전』 중

이와 같은 형용사에 대한 정의는 앞으로의 작업에 기대하는 역할과 닮아있다고 생각했다. 그 역할이 세상에 없던 새로운 것을 발명하거나 발견하여 정의하는 일이 아니라고 생각했다. 그렇다고 어떻게 하여야한다 혹은 살아야한다 라는 강력하고 신념에 가까운 의도가 있지도 않다. 하지만 모든 장소와 맥락 속에서 갖고있는 감각과 시간이 있고 이를 드러내는 개입을 통해 조금 더 그 가치를 인정하고 활용하길 기대한다. 이러한 역할에 대해 '앤 카슨'이 정의한 형용사의 역할과 닮아있다고 생각했다. 그 역할이 어떤 방식으로 발현되기를 기대하는 것이 '단단하고 두터운'이다. 너무 익숙해서 더 이상 말해지지 않던 풍경들에 대해 질문하고 이를 형태와 무게를 갖는 단단하고 두터운 무언가로 말하고 싶다. 단단한 물성을 통해 관점에 따라 달리 보이는 두터운 제안은 장소에 새로운 의미를 부여하기보다는 그 자체를 볼 수 있는 계기를 만들어주고자 함이다. 허황된, 이상적인 계획만을 지향하는 것이 아니라 단단한 물성으로 사회에서, 생활에서 오래도록 자리하는 것을 만들고 싶다. 단일한 의도, 계획에 따라 사용을 일방적으로 강요하는 것이 아니라 사람들의 관점에 따라 다양한 생각과 해석을 끌어내어 활용에 두터운 층위를 만들어 이야기하고 싶다.

이렇게 적어본 다짐 같은 소회는 다음에 대한 기대이다. 어지러움을 지나, 꼭 건축일 필요를 지나 하고 싶은 말에 대해 스스로 찾아보고 다음에 쓰고 싶은 말과 문장에 대한 기대이다. 시간이 지나 변해있을 생각에 대해 얼마나 왔는지 다시 볼 기준점이라고도 생각하며 기대를 마친다.

*형용사에 대한 생각은 CAC 정다영 큐레이터님의 강연에서 많은 영감을 받았음을 밝힙니다.

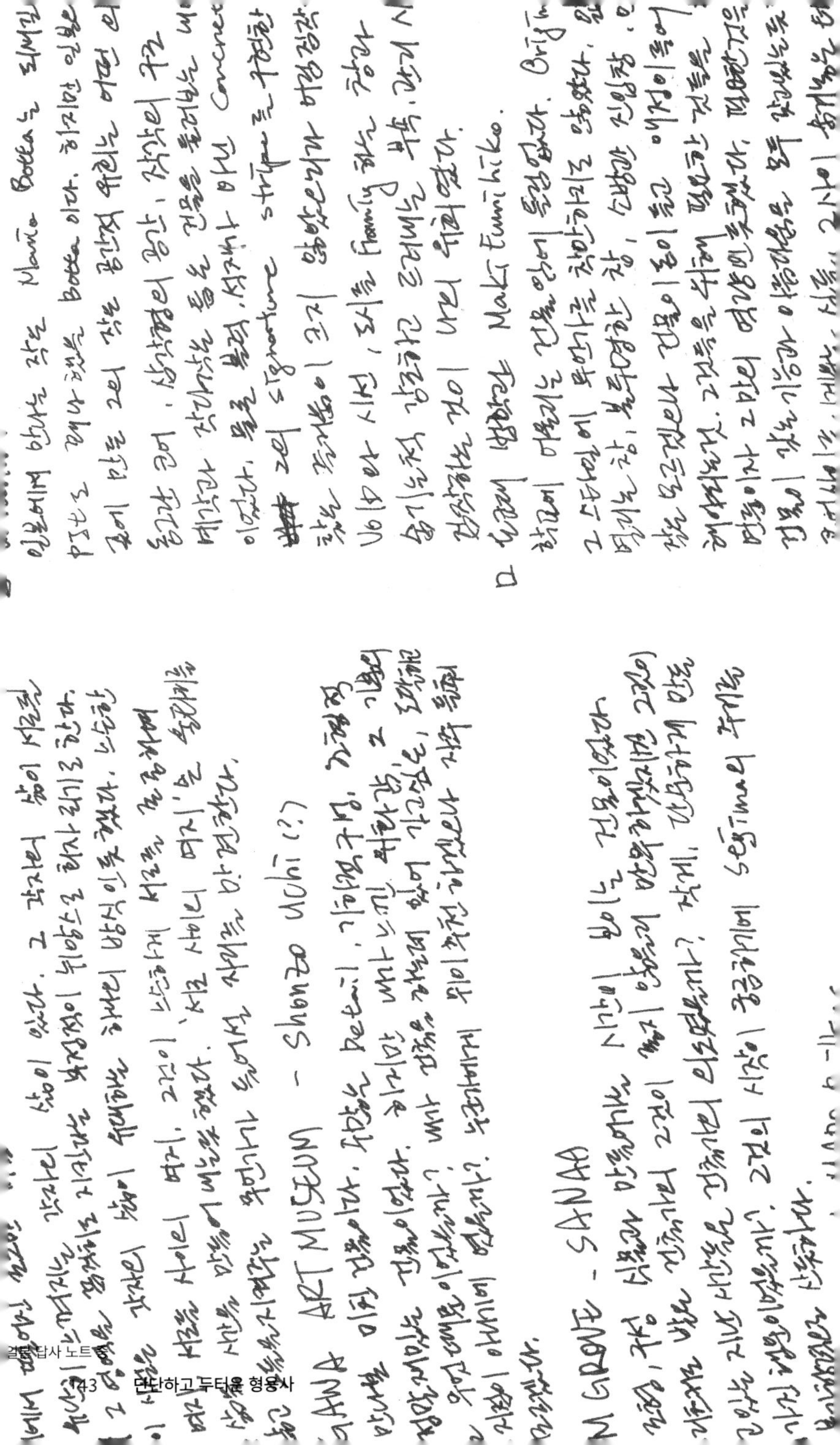

에서 떨어진 [illegible]
유난히 드러지는 각자의 삶이 있다. 그 각자의 삶이 서로를
그 영역을 꼼꼼히도 지키라는 부정적인 뉘앙스로 회자되기로 한다.
이 사람은 각자의 삶이 유대하는 하나의 방식인 듯했다. 느슨한
여지. 서로는 사이의 여지. 그것이 느슨하게 서로를 존중하여
삶에 시간을 만들어 내는 듯했다. '서로 사이의 여지'는 울타리를
높고 돋움지켜주는 무언가가 들어설 자리를 마련한다.

AWA ART MUSEUM - Shonzo Uchi (?)
만나본 미친 건물이다. 수많은 Detail, 기하학 구성, 조형적
정말 재밌는 건물이었다. 하지만 내가 느낀 위화감, 그 기묘의
무엇 때문이었을까? 내가 건축을 하는데 있어 갖고 싶은, 소망하는
지점이 아니기에 였을까? 누군가에게 뭐이 추천 하겠으나 자주 들르지
모르겠다.

M GROVE - SANAA
조형, 구성 식물과 만들어가는 시간이 보이는 건물이었다.
리트처럼 밟은 건축가의 그것이 좋지 않을리 만무하겠지만 그것이
고 있는 지난 시간들은 건축가의 의도였을까? 작게, 단순하게 만든
가진 형태이었을까? 그것의 시작이 궁금하기에 Segima의 주제를
[illegible] 산뜻하다.

일본에서 만나는 작은 Mario Botta는 되새길
PJ는도 제작했을 Botta 이다. 하지만 일본
곳에 만든 그의 작은 공간적 유희는 어떤 의
둥그런 코어, 삼각형의 공간, 작각의 구조
예각과 작다각은 등을 건물을 둘러보는 내
이었다. 물론 블럭, 석재가 아닌 Concrete
~~[illegible]~~ 그의 Signature stripe를 구현한
창은 즐거움이 크지 않았으니가 여전히 잠각
Void와 시선, 도시를 framing 하는 창과
숨기는 척 강조하고 드러내는 부속. 관계 시
건작하는 것이 나의 유희였다.

ㅁ 토쿄대 법학관 Maki Fumihiko.
학교에 어울리는 건물임에 틀림없다. Origin
그 스타일에 무언가를 첨가하지로 않았다. 열
열리는 창, 불투명한 창, 소방관 진입창. 이
갖은 모르겠으나 건물이 돋이 늙고 애정이 들어
해야되는것. 그것들을 위해 필요한 것들은
만들이자 그만의 역량인듯했다. 필요한 것을
건물이 갖는 기능과 아름다움을 모두 갖고있는 듯

갤러리 답사 노트 중

GRADATE PYEONGCHANG
PHASE 1
PHASE 2
PHASE 3

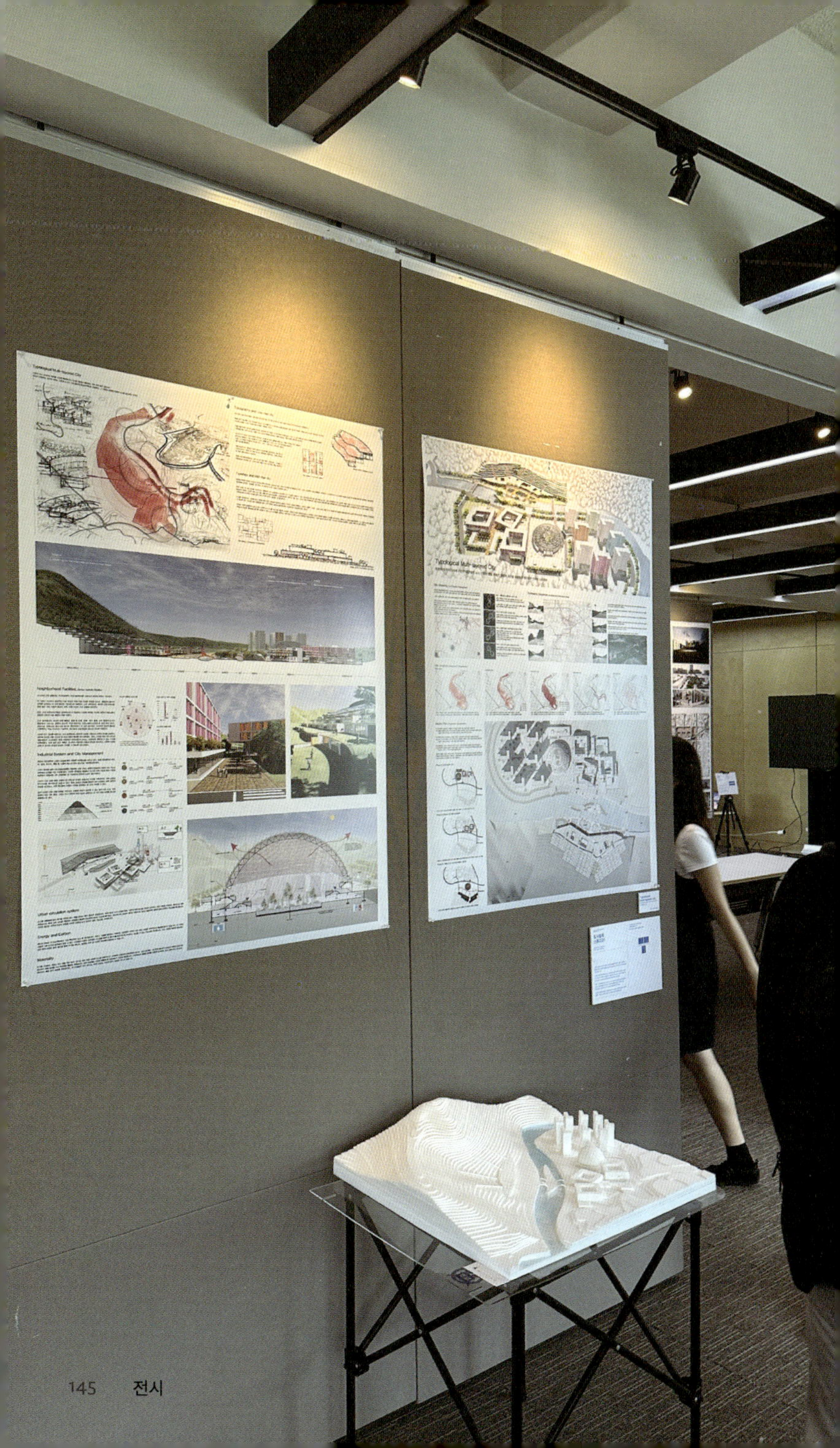

Growing Along The Line

도시로 바꿔말하기

기획
임저스틴
스튜디오 현상설계 (곽민준)

편집과 디자인
스튜디오 현상설계 (곽민준)
권혜인
박시연

이미지와 글
임저스틴
윤희영
권혜인
곽민준
박시연
소정호
심준형
이영준
이주현
김다현

발행인
김기현

발행처
시공문화사

등록
1993년 3월 12일

주소
서울시 서대문구 현저동 200
극동빌딩 5층(120-796)

전화
02-3147-1212, 2323

전송
02-3147-2626

ISBN
978-89-5592-499-2

스튜디오 현상설계

서울시 종로구 창경궁로 283 4층
010-7278-1378
http://hssg.live
hs.seolgye@gmail.com
@hs.seolgye